農村起業家になる

地域資源を宝に変える6つの鉄則

曽根原久司

Sonehara Hisashi

日本経済新聞出版社

はじめに

なぜ、農村起業家なのか

3勝1敗の起業経験

私は1995年、東京から山梨県北杜市白州町《はくしゅうまち》の農村地域に移住した。それ以来、ずっと農村で暮らしている。どこかの会社に就職したわけではなく、農村で自ら起業して、生活をしてきた。自分自身さまざまな実践を通じて農村地域における起業のやり方、農村ビジネスについて学んだ。また、この17年間、私と同様に農村起業をやってみたいという人のサポートを行ってきた。こうした経験をもとに、私は農村起業に関するさまざまなノウハウや心構えをまとめた本を執筆しようと思う。

私自身、起業を行った経験が4回ある。起業の戦歴は「3勝1敗」である。

1回目の起業は大学を卒業してすぐの起業である。大学を卒業する際に就職せず、趣味である音楽の道に進んだ。音楽で食べていくことを目指して、音楽の分野で起業したのだ。世間的にはフリーターにしか見えなかったかもしれない。その時は、あえなく事業は失敗、起業は夢と終わった。

2回目の起業は、東京で経営コンサルタント会社を立ち上げたことである。これはうまくいった。1990年代のバブル経済末期において、金融機関向け経営コンサルタントを主体とする会社を起業し、成功させた。これが1勝目である。

3回目の起業は、本書のテーマである農村起業である。東京から山梨の農村地域に移住し、そこで農業や林業を始め、生活を成り立たせることができた。これが2勝目である。その時の活動については、前著『日本の田舎は宝の山』に詳しく書いたので省略するが、コメ、野菜を栽培し、自分で作った直売所で販売したり、荒れた里山にあるナラ・クヌギなどの広葉樹を薪ストーブ用の薪として販売した結果、それだけで暮らしていけるようになった。

3勝目は何か。私は現在、NPO法人「えがおつなげて」という団体を運営している。2001年に設立したNPOだが、都市と農村をつなぐことをミッションに、企業のみなさんとも連携しながら、農村にある資源を有効活用する事業を行っている。これも農村起業の1つである。

これら3勝1敗の起業戦歴を通じて、農村起業を成功させるコツ、失敗を避けるための注意点が見えてきた。また、都市における起業と農村における起業の違いや特徴がわかってきた。

農村はビジネスチャンスの宝庫

前著において、日本の田舎には厖大な潜在資源があり、こうした資源をうまく活かせば、今後10兆円の産業が興るだろうと書いた。農村地域には農地や森林をはじめ、使われていないお宝が山ほどある。

前著をお読みいただいた方から、たくさんの賛同の声が届いた。その大半は「まったくその通りである。日本の農村資源は非常に豊かだが、上手に使われていない。もしもそれが活用されるならば、それくらいの規模の産業になるだろう」というものだ。

また、この本の中で10兆円産業の5つのジャンルを示した。5つのジャンルとは、①6次産業化による農業、②農村における観光交流、③森林資源の建築や不動産への活用、④農村にある自然エネルギーの活用、⑤ソフト産業としてのIT・メディア・健康・福祉など、農村資源と連携したサービス産業、である。私はこの5分野が農村起業の有望なジャンルと考えている。

近年とくに大きな関心を集めているのが、農業の6次産業化である。ブームと言っていいのかもしれない。念のため説明すると、第1次産業である農林漁業に、2次産業である加工、製造などを加え、さらに3次産業としてのサービス分野を掛け合わせて、1×2×3=6で、6次産業を起こしていこうという考え方である。現在、この6次産業は農村だけでなく、都会でも大変なブームとなっている。

さらに、突然降ってわいたようにもう1つのブームが巻き起こっている。自然エネルギーの分野である。2012年7月1日、再生可能エネルギーの電力固定買取制度が始まった。太陽光発電、小水力発電、バイオマス発電、地熱発電など再生可能エネルギーの電力を、固定価格で電力会社に購入してもらう制度である。

お気づきだと思うが、こうした発電に適したところの多くは農村地域にある。太陽光発電を設置するためには日射量の多い、まとまった広い土地が必要である。農村には日当たりのいい遊休地がたくさんある。小水力発電においても、無数の河川、農業用水路がある。バイオマスにおいても未利用の間伐材をはじめ、相当量の未利用資源がある。この固定買取制度が始まったことによって、農村での自然エネルギー事業が、にわかに脚光を浴びることとなった。

この6次産業化と自然エネルギーを含む5つの農村起業分野が、今後さらに脚光を浴びてくるだろう。その意味で農村部はビジネスチャンスの宝庫なのである。

農村で求められているのは、単なる働き手ではなく起業家

一方で、こんな状況もある。農村地域はどこも過疎と高齢化に苦しんでいる。農村には豊富な資源はあるが、人的パワーがまったく足りない。高齢化が進行し、地域社会を支える人材が不足しており、新たな担い手が求められている。

この担い手へのニーズというのは、これまでのような単なる働き手とは異なる。なぜなら、従来のように農村で働き手として働くだけでは、食べていけないからだ。だから、新し

い担い手に期待されているのは、農村部で新しい事業を起こすことなのである。実際、私が今までサポートした農村起業家たちがそうである。ある農家青年だった若者が、一念発起して、自分の経営する農業とは異なる法人を立ち上げた。地域の農産物を使って6次産業化やグリーンツーリズムを行う団体だ。今や、その法人の規模はもともと経営していた農業より大きくなった。こうした農村起業家こそが、今求められている。

政府においても農村における地域産業の活性化策として、6次産業化を重点施策に位置づけている。あなたが今、農村起業をスタートさせるならば、10年後には農村起業家の殿堂入りとなる、絶好のタイミングなのかもしれない。

ただし、農村起業において気をつけなくてはいけない点がある。17年間の実践の中で、私が気づいた失敗パターンがある。それは、田舎暮らしに大いなる幻想を抱いてしまうことである。都会の生活に疲れ、田舎暮らしにあこがれ、もっと人間らしい生活を田舎でしたいという夢を抱く人々がいる。これ自体は悪いことではない。ただし、あこがれが先行し、現実から遊離してしまうと、生活が成り立たなくなる。私は実際にそんな例を見てきた。

農村に行けば、豊かな自然環境で、ゆったりと暮らすことができ、お金もそんなにかからないから、人間らしい生活ができるだろうと思ってしまう。これは間違いのもとである。そのような幻想は大抵砕けることになろう。

長い人生、失敗するのもよい経験になるかもしれないが、農村移住後のあまりに大きな失敗は、後々の人生に大きな影響を与えてしまう。だから本書では、大きな失敗をしないために、農村起業における6つの鉄則をまとめてみた。事業の出発地点から始まり、事業を成長軌道に乗せるまでの鉄則を、順序立ててわかりやすく書いたつもりである。はじめから読んでいただいてもよいし、自分の関心のあるテーマについて途中から読んでもらってもかまわない。

本書を書くにあたっては、以下の3つの点に注意しながら書いた。

1つは、農村起業の立ち上げから軌道に乗せるまでの段取りを、ステップごとに解説するという点である。起業を経験したことのない人は、起業の段取り、あるいはステップの流れがわからない。また、起業したばかりの人も、始めたはよいけれど、その後、軌道に乗せるやり方がわからないケースが多い。だから読者が現在の立ち位置、すなわちステップに照らして、どんな点に注意しながら進めていけばよいかを、わかりやすく書いたつもりだ。

また、立ち上げから軌道に乗せるまでと書いたが、事業のライフサイクルは、創業期、成長期、成熟期、衰退期の4つのサイクルといわれている。この意味でいうと、本書で取り扱う段階は、創業期から成長期である。農村起業というのは、まだ新しい事業分野なので、こうした段階の社会ニーズと課題が最も多いと考えたからだ。成熟期以降は、後の機会に譲ることにする。

2つ目は、本書は起業を取り扱う本ではあるが、経営の専門書に書いてあるような専門用語や、財務諸表などの図表をなるべく使わないで書いた点である。農村起業は裾野がとても広い。裾野が広いということは、今後は広範囲の人々がこの分野に参入してくると想定される。企業関係者、農林漁業者、若者、女性、中高年、農村住民、都市住民等々である。事業の規模も大中小、さまざまだろう。

そんなことを想定して、この分野に興味を持った人ならば誰でも読めるように、専門用語をなるべく排除して書いたつもりだ。しかし、専門知識が不必要なわけではない。だから、本書を読み進める中で、専門的な知識が必要になったときは、文献を探し、学んでもらうとよい。例えば、第2章のビジネスモデルを作成する過程で、ビジネスモデルの採算性を見積る方法がわからなければ、収益管理や損益分岐などに触れている財務管理に関する専門書をあたってもらえばよい。

3つ目は、本書は農村起業をテーマとして、起業のやり方を書いたわけだが、この起業の鉄則は、農村起業に限らず、ソーシャルビジネスや一般の起業にも参考となることだ。

今のところ、起業のスタートから事業を軌道に乗せていくまでの具体的な方法を解説した実務書があまりないと考えたからだ。起業における会社設立の手続き、事業計画づくり、資金集め、人脈づくり、起業の準備段階にしておくべきこと、起業家意識といったことについて触れた本はあるが、実際の起業プロセスにおいて気をつけるべき点やコツを書いた実務書が少ないと考えた。ぜひ、参考にしていただきたい。

日本経済の長期低迷が続く中で、若者層の深刻な雇用難は今後も続くだろう。ミドル層も常にリストラや解雇不安を抱えた状態となる。年金支給年齢が次第に繰り下がる中で、老後資金をどうやって確保していったらいいのかという不安もますます高まる。こんな時代においては、これからどうやって生き抜いていくか、いわば「サバイバル」が切実なテーマとならざるをえない。

とすれば、農村での起業は単なるあこがれの段階を超えて、サバイバル手段の1つという意味合いを持つようになる。

これからの人生をサバイバルしていくためにも、本書が提供する情報を上手に役立てていただきたい。

農村起業家になる
地域資源を宝に変える6つの鉄則

目次

第2章　「楽しくて小さなモデルを作り、アピールし続けるべし」の鉄則──農村起業の仕込み期

第3章

「立っているものは親でも使え」の鉄則——農村起業の巻き込み期

第4章

「一石二鳥、一挙両得」の鉄則――農村起業の成長期

第5章

「腐っても鯛」の鉄則——農村起業の心構え

第6章

「地アタマ使って、頭角を現せ」の鉄則——農村起業の思考法

第1章

「まず、始めるべし」の鉄則
——農村起業の前夜

1　思い立った日が起業の日である

思い立ったが吉日

そもそも、農村起業におけるスタートとは、いつを指すのだろうか。法人設立のときだろうか。農村に移住したときだろうか。それとも、起業に至るまでの大まかな計画を立て、例えば3年後に始めようとなった場合の3年後だろうか。これらはすべて違う、と私は思う。「思い立ったが吉日」ということわざがあるが、思い立ったその日が起業の日なのである。「思い立ったが吉日」の日が来たら、まず起業日として記そう。「思い立ったが吉日」の日に、「よし、では3年後に始めよう」というふうに考えていると、結局何もせず、機を逸してしまう。私はそんな状況をたくさん見てきた。だから「思い立ったが吉日」の日を、起業日として認識することが大切である。

起業というと、ハードルが高いと思いがちで、尻込みしてしまう人が多いだろう。起業をスタートさせるコツは、まず、ごくごく小さな一歩から手がけることである。最初はやってみたい事業のリサーチでもいい。インターネットを使って調査を始めてもいい。また、フィールド調査の感覚で、どこかの農村に赴いてみるのもいい。周囲の友人にあなたの思いを伝え、感想を聞くだけでもいい。

重要なのは、何事も第一歩を踏み出すことである。そして、第一歩を踏み出したという認識を心に明確に刻むことである。だから起業の記念日としてはっきり記す必要がある。そうすればあなたは、起業という名の列車に乗車したことになる。

私はさまざまな農村起業のサポートをする中で、最初に起業のスタートをはっきり認識した人と、しなかった人の間で、将来大きな違いが出てくるのを見てきた。だからこそ、「まず、始めるべし」の鉄則を肝に銘じるべきなのである。

あらゆる可能性を探ろう

起業のスタイルを1つに絞る必要はない。会社を辞めて独立して行うパターンもあるし、二足のわらじ方式もある。あなたが企業経営者の立場にあるのならば、本業とリンクさせるやり方もある。さまざまなパターンの農村起業を模索してみるとよい。

最近では都会で働く勤め人で、農村起業をしたいという人が増えている。会社をすぐ辞めて、農村起業を行うのはリスクが高いかもしれない。そんな場合は、二足のわらじ方式をお勧めする。月曜日から金曜日まではサラリーマンとして働きながら、土日にどこか農村で活動してみる。最初はリサーチのような形でもいい。まずは人間関係を築きながら起業の基盤を作っていく。こうしたやり方も二足のわらじ方式の1つである。

また、先に述べたように何らかの事業をしている方であれば、本業と関係があり、本業との相乗効果が期待できる新規事業を考えてみてはどうだろうか。一般に新規事業を立ち上げる際には、「横出し上乗せ」という言い方がある。本業から少し横にはみ出てみる。そしてさらに上乗せをしてみる。こうした考え方である。

仮に、あなたが食品の販売会社を経営しているとしよう。新事業として農村の特産品を仕入れ、付加価値をつけて販売することを考えてみる。これも農村起業の1つである。また、どこかの地域の農業者と連携をして、新たに特産ブランド品の開発を進めるといったことも可能だろう。こうしたことも農村起業の範ちゅうに入る。

農村起業というと、すぐ独立して何かを始めるというイメージが強いが、さまざまなスタイルを考えることが重要である。その中であらゆる可能性を探り、リスクの少ない進め方を考えていけばよい。

また起業を考える際には、1人だけではなく、友人や家族、親戚、仕事仲間などの知人に相談してみてはどうだろうか。自分自身の起業アイデアを周囲の人にぶつけてみると、意外に「実は私もね、こんなことを考えているんだ」と、いろいろなアイデアが返ってくるかもしれない。また、そんなことをやりながらあなたの相談役を見つけることも、この時期大変有効である。そういう人が後になって、あなたが立ち上げる事業サポーター役になってくれるかもしれない。

2　農村起業とは何か

農村資源を活用する

では、ここで、そもそも農村起業とは何かを考えてみよう。「農村起業」は耳慣れない言葉だろう。しかし、この農村起業はこれからの起業において、重要なキーワードになる。農村起業とは、農業による起業だけではない。林業や漁業による起業だけでもない。では何が違うのか。

私の定義は3つある。第1に農村にある資源を活用して起業することである。農村には使われていない農地、森林、観光資源、自然資源、人の資源、伝統資源が豊富にある。日本にある耕作放棄地は、約40万ヘクタール、東京都の面積の約2倍ある。日本の森林率は世界第2位。戦後、一生懸命国をあげて植林をしてきたので、森林の蓄積量は膨大である。また、農村にある用水路は小水力発電への転用が有望視されている、基幹的農業用水路の全延長距離は、地球1周分、約4万キロメートルもある。

農村起業とは、こうした資源を活用するビジネスモデルを作り、起業をすることである。従来型の発想だと、農業だけ、林業だけという1次産業的な考え方になりがちだが、そういった縦割りのカテゴリーで考えるのではなく、農村にあるさまざまな資源を、柔軟に活用していこうと考えるのが農村起業である。

ソーシャルビジネスの視点

第2にソーシャルビジネスの視点である。ソーシャルビジネスの定義は、地域の課題をビジネスの手法を取り入れながら解決し、地域に新たな雇用を作り出すことである。ソーシャルビジネスには3つの要素がある。社会性、経済性、革新性である。この3つの要素を伴うビジネススタイルがソーシャルビジネスといえる。

農村では、まさしくこの3つが求められている。農村はどこも過疎高齢化に伴う社会問題が深刻であり、自立的な経済の構築が求められている。自立的な経済を実現するためには、革新的なビジネスモデルが必要となる。だからこそ農村にはソーシャルビジネス的な起業が求められているのである。

ソーシャルビジネスは社会的起業やコミュニティビジネスなどとも言われる。またソーシャルビジネスの分野で活躍する起業家はソーシャルアントレプレナーとも呼ばれている。

こうした言葉を使うと農村起業や農村起業家のイメージをとらえやすくなるかもしれない。

多様なスタイル

第3に農村起業はスタイルが多様ということである。農業や林業というと、ある程度予想できる。しかし農村起業のスタイルは、もっと多様である。もちろん農村起業には農業も含まれるが、それだけではない。最近、「半農半X」というライフスタイルに憧れる人が増えている。これも農村起業のバリエーションの1つだ。例えば、デザイナー、IT技術者など、手に職を持つ人たちがそのXの要素で働きながら、週に何日か農村資源を活用した事業を行なう。農村ビジネスとXの両立で暮らしていく。これも農村起業の1つだろう。

一方でこんな形もある。農村にある自然エネルギー資源を活用する事業を計画し、広く出資者を募って投資を行う。出資者には配当をしながら、自然エネルギー事業を進めるのである。また、事業フィールドがすべて農村である必要はない。都会における農村起業も可能である。農産物や森林などの農村資源を活用し、付加価値をつけた商品を開発して都会でビジネスをする。これも農村起業である。

まとめてみると、農村起業とは農村資源を活用して、ソーシャルビジネスの視点や技法で、多様なスタイルの起業を行うことなのである。

3 農村起業のタネを5つのジャンルから探す

では、次に農村起業のジャンルを考えてみよう。「はじめに」でも少し触れたが、農村起業は以下の5つのカテゴリーが有望である。

①農業の6次産業化

第1に農業の6次産業化である。農業生産だけでなく、直売所に出品したり、自ら経営し、農産物の直接販売を行う。農産物を加工し、特産品、ブランド品を作って販売する。また加工した産品を使って、農家レストランといった形態で事業を行う。さらに、農業の傍ら、宿泊を伴う農家民宿の経営を行う。農産物をスタート地点として、さまざまな付加価値を乗せていく事業のあり方が6次産業である。

6次産業化の成功事例として高知の「四万十ドラマ」を紹介しよう。四万十ドラマは、高知県四万十町にある株式会社である。四万十ドラマの事業コンセプトは3つある。ローカル

道の駅とおわ

（足元の豊かさ・生き方を考える）、ローテク（地元の1〜1・5次産業の技術と知恵）、ローインパクト（風景を保全しながら活用する仕組みづくり）である。

四万十ドラマは、四万十川流域の自然環境を保全しつつ、地域にある豊かな資源、技術や知恵にこだわりながら、地域の新しい産業を創造している。3つの事業コンセプトのもと、地元産の栗やお茶、天然ウナギなどの資源を活用して、「しまんと地栗渋皮煮」「しまんと緑茶」「四万十川の天然鰻丼」などの商品をはじめ、60以上のオリジナル商品を開発してきた。

これらの商品は四万十ドラマが経営

四万十ドラマの６次産業化商品

四万十川の天然鰻丼

する「道の駅とおわ」の店舗や、併設する「とおわ食堂」、インターネットなどを通じて販売している。その結果、年に売り上げが3億円を超える事業に発展している。四万十ドラマの事業は6次産業の典型的なモデルといえる。

②農村における観光交流

第2に農村における観光交流がある。グリーンツーリズム、エコツーリズム、アグリツーリズムなどといわれる分野である。近年、この観光分野に関心を示す都市住民が増えている。この背景には、従来型の物見遊山的な団体観光ツアー、マスツーリズムに多くの人が飽きてしまったことがある。

高度経済成長期以降、大型バスによる観光ツアーが流行した。団体でバスに乗り、観光地にこぞって出かけるスタイルである。ところが、多くの日本人はこうしたスタイルの観光に飽きてしまった。

また、都市住民の自然回帰志向、田舎暮らし志向が影響している。戦後の高度成長期、農村部で生まれた人々の多くが、都市部へ移動した結果、今や日本人の大半が都市住民となった。こうした都市住民の自然回帰志向、田舎暮らし志向が農村における観光交流の後押しとなっている。私自身、農村でツーリズムの活動を17年間行ってきて、この傾向が年々加速していると感じる。

さらに、2011年3月11日に起きた東日本大震災の影響がある。震災以降、日本人の心の中に、コミュニティの大切さが響くようになった。また、食べ物やエネルギーといった、生きていくうえで不可欠なものに対する価値観が大きく変化した。そんな中で、都市と農村との心理的距離感が一気に近づいたように思う。

ここで、農村での観光交流を成功させるうえでのキーワードを3つ示そう。

1つ目は、旬の地域資源である。そこに行かなければ味わえない食材、そこに行かなければ体験できない地域資源を、都会の人は求めている。よくいわれることであるが、誰も山間の農村地域でマグロを食べたいとは思わない。その地域で採れる旬の野菜、旬の山菜、旬の地域ならではの特産品を求める傾向が強まっている。さらに、その食材はできればナンバーワン、あるいはオンリーワンであるほうが喜ばれる。

ちなみに、私が活動する農村地域の60%以上は耕作放棄地であり、これはある意味でナンバーワンだが、これを逆手に取って農業や田舎に関心のある人々にアピールし、農村との観光交流プログラムを実践してきた。

2つ目は体験と交流の要素である。そもそも、従来の大型バス観光には体験や交流の要素が少ない。あえて言えば観光地での買い物体験と店員との交流があるぐらいだ。都市住民の自然回帰、田舎暮らし志向が強くなる中で、自然や田舎を満喫したい、田舎暮らしの技術である農業体験をしたいというニーズが年々強くなっている。

また都会で失われつつある人とのふれあいやコミュニケーションを取り戻したいというニーズも、交流のポイントになっている。これらが後押しして、体験や交流という要素が、観光交流において重要になっている。

3つ目は感動である。マスツーリズムが飽きられてしまった要因に、感動が薄れたということがある。たくさんの人々を大量輸送するような観光スタイルで、一人ひとりに感動を与え続けるのは至難の業だ。これに対して農村における小規模な観光交流は、マスツーリズムでは考えられない感動を与えることができる。

農村における観光交流の事例は全国にたくさんある。例えば、愛媛県双海町《ふたみちょう》は「しずむ夕日が立ちどまるまち」というキャッチフレーズで瀬戸内海に沈む夕日の光景を観光資源として位置づけている。無人駅のプラットフォームを会場にして、夕陽が瀬戸内海に沈む風景を背にした夕焼けコンサートを開催し、1000人以上を集めた。その他、地域ならではのイベントや施設・ソフト面の工夫によって、年間数10万人もの集客を達成している。

③森林資源の活用

第3に森林資源の建築、不動産などへの活用である。前著『日本の田舎は宝の山』でも紹介したが、日本の森林率は世界第2位である。第1位はフィンランド、第2位日本、第3位スウェーデンである。日本を挟む1位と3位のフィンランド、スウェーデンはその豊かな森林資源を活用し、建築、不動産などへ活用した産業を行っている。私の住んでいる八ヶ岳のエリアには、長野から山梨にかけてたくさんの別荘がある。数千軒以上はあるだろう。この別荘地域を歩いていると、スウェーデンハウスという看板のついた別荘が多くあることに気づく。このスウェーデンハウスは、スウェーデンのホワイトウッドという木材を日本に輸入し、ログハウスの別荘を展開している。日本には膨大な森林資源があるはずなのに、遠いスウェーデンから木材を輸入して家が建てられている。日本の森林資源をもっと建築、不動産などの分野に活用しない手はない。

日本の森林資源を建築分野などに活用する仕組みを作り、事業展開をしている先進地域に岡山県西粟倉村《にしあわくらそん》がある。西粟倉村の95%は森林で、過疎化・高齢化が進んでいる。この地域には「西粟倉・森の学校」という株式会社があり、地域の森林資源を活用した事業展開をしている。

森の学校では、地域のスギ、ヒノキを活用した無垢床タイルを商品開発した。この床タイ

西粟倉の床タイル

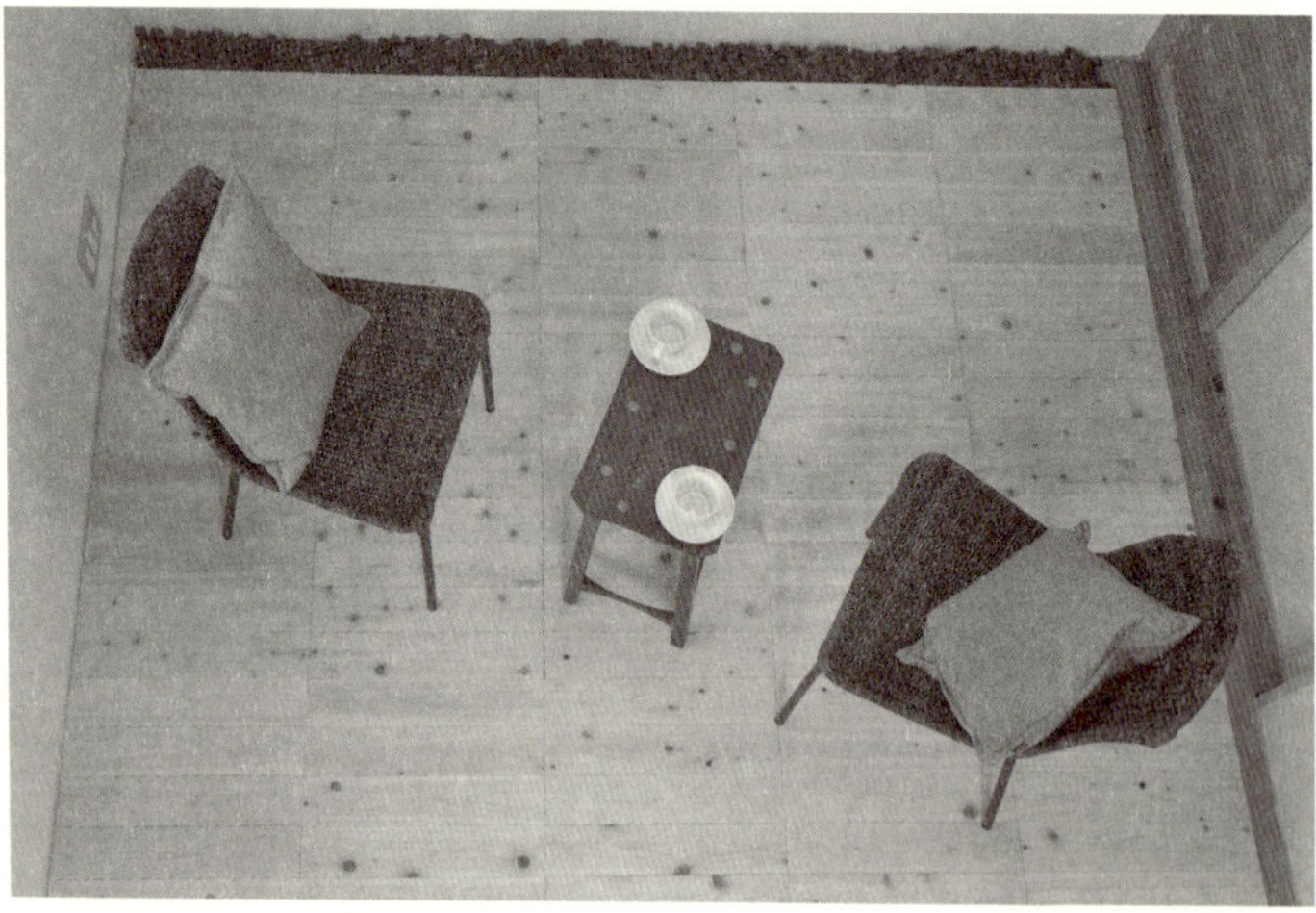

地域材を使って製造された家具

ルは、都市部のオフィスフロア向けに人気となり、ヒット商品になった。無垢の木の癒し効果が、都会のオフィスで評価されたのである。森の学校では、地域材を使った家具も製造、販売している。その結果、現在は1億円以上の売り上げを達成している。

また、興味深い事業の仕組みとして、「西粟倉村共有の森ファンド」がある。1口5万円で都市に住む人々に出資を募り、過疎化が進む村の事業資金を、広い地域から集めることに成功したのである。すでに約420人が応募し、4200万円が集まったそうだ。出資者を対象とした、西粟倉村ツアーも実施している。過疎化が進む農村では、経営資源としての人、金《かね》が不足しているが、これらを補う仕組みとして、大いに参考となる先進的モデルといえる。

④自然エネルギー活用

4つ目の有望なジャンルは農村の自然エネルギー活用である。農村にはさまざまな自然エネルギー資源が眠っている。河川、農業用水路、遊休地、里山、バイオマス資源などである。これまでこうした農村資源はほとんど活用されてこなかった。もともと農村地域では薪や炭といった自然エネルギー資源を使って生活してきたが、化石燃料に代替されることによって、地域資源は使われなくなった。

ところが、近年、ピークオイルが指摘されるようになり、化石燃料価格の高騰が起きている。また東日本大震災に伴う福島第1原発事故によって、自然エネルギーが着目されるようになった。また、2012年7月には再生可能エネルギーの固定買取制度がスタートした。

このような中で、農村にある自然エネルギー資源、すなわち河川、農業用水路、遊休地、里山、バイオマス資源などへの関心が高まっている。

私が住む山梨県北杜市は、日照時間全国1位、山梨県は耕作放棄率が日本で2位である。また遊休地が多いことも相まって、我々の団体にも、自然エネルギー事業を検討する企業からの問い合わせが相次いでいる。「遊休地を探してほしい、太陽光パネルを設置して事業運営をしたい」などの打診である。

では、この自然エネルギー事業分野は、どのぐらいの規模が想定できるのだろうか。2010年に山梨県が、県内のクリーンエネルギーの資源量を正式に調査したが、その調査結果をもとに試算してみよう。山梨県は、日照時間が日本有数の地域なので、太陽光発電が有望だ。また、四方を富士山、南アルプス、八ヶ岳などの3000メートル級の山々に囲まれ、水資源が豊富であることから、小水力発電も有望である。

こうした潜在資源をもとに試算すると、山梨県内の自然エネルギー産業の規模は約200億円となる。また山梨県の経済は、日本の100分の1モデルとよくいわれる。ここから推測すると日本の農山漁村にある自然エネルギー資源を活用した産業の規模は2兆円程

おひさま関連会社の関係と取組み

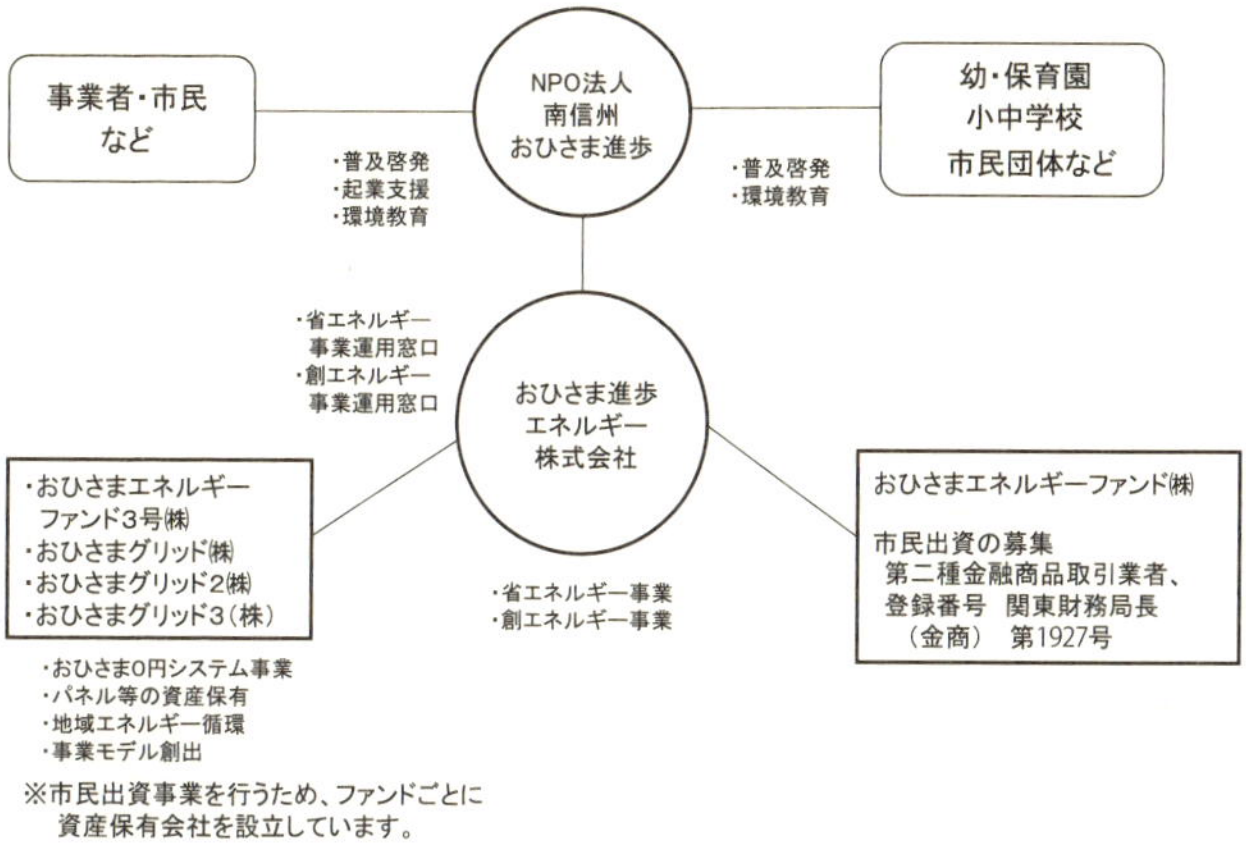
事業者・市民
など
NPO法人
南信州
おひさま進歩
幼・保育園
小中学校
市民団体など
・普及啓発
・起業支援
・環境教育
・普及啓発
・環境教育
・省エネルギー
事業運用窓口
・創エネルギー
事業運用窓口
おひさま進歩
エネルギー
株式会社
・おひさまエネルギー
ファンド3号㈱
・おひさまグリッド㈱
・おひさまグリッド2㈱
・おひさまグリッド3（株）
おひさまエネルギーファンド㈱
市民出資の募集
第二種金融商品取引業者、
登録番号 関東財務局長
（金商） 第1927号
・省エネルギー事業
・創エネルギー事業
・おひさま0円システム事業
・パネル等の資産保有
・地域エネルギー循環
・事業モデル創出
※市民出資事業を行うため、ファンドごとに
資産保有会社を設立しています。

© OSE

おひさま発電所

度と見積もることができる。

この分野での先進事例を紹介しよう。長野県飯田市のおひさま進歩エネルギー株式会社の取り組みである。この会社では一般市民の出資をもとに、地域ぐるみの市民共同発電所づくりを進めている。２００４年に事業をスタートし、現在までに約８億４０００万円の資金を集め、太陽光発電の全設置箇所は２５３カ所、設置容量合計１６００キロワットに至っている。この市民出資ファンド「おひさまファンド」は、１口10万、25万円、50万円の３コースがあり、今まで約１６００人から出資があったそうだ。

出資に対する利回りは、２〜３％とのこと。２００４年に事業が開始したときは、ＮＰＯ法人「南信州おひさま進歩」だったが、その後事業は大きく発展し、現在では関連企業が６社になるまでに成長している。

⑤ソフト産業との連携

最後に5番目の有望なジャンルは、教育・ＩＴ・メディア・健康・福祉等のソフト産業との連携による農村資源活用である。

事例を紹介しよう。テレビドラマ化され、全国放送されたことがあるので、ご存じの人も多いと思う。三重県多気町《たきちょう》相可高校の高校生レストラン「まごの店」の活動である。高校

まごの店の全体写真

まごの店と厨房で働く高校生

生レストラン「まごの店」は2002年、同じ多気町にある農産物直営施設の「おばあちゃんの店」の食材を利用した、調理実習施設としてオープンした。

この実習施設は、初期の段階から多気町役場、相可高校、町の観光施設のふるさと村が連携し、教育とまちおこしの両面で立案された。

まごの店は開店前から長蛇の列ができるほどの人気となり、農産物直売所「おばあちゃんの店」の売り上げアップ、町の観光施設であるふるさと村への入場者増をもたらした。もちろん、高校生が生き生きと働く姿が魅力であるだけあって、高校生の教育効果とともに、卒業生が地域の新たな担い手として活躍するに至っている。この多気町の事例は、教育と農村資源活用の連携モデルである。

4 フィールドの見つけ方・つながり方

農村起業をする場合、どこかの農村に移住したり、連携して事業をすることになる。農村といってもさまざまだ。山村、漁村、平場、中山間地域、さらに島嶼部、離島といったところもある。どのような地域が自分に向いているかを決めなくてはならない。ここでは事業フィールドの見つけ方、つながり方を考えてみたい。

関わりたい農村資源を定め、地域を選ぶ

まず、あなたが農村起業において挑戦してみたい、活用してみたい資源は何かを考えてみよう。農村資源というのは4つに分類することができる。1つ目は場所資源。農地、森林、海、湖、山などである。2つ目はもの資源。農産物、林産物、特産品、古民家などである。3つ目は人資源である。農村には特技、技術を持ったさまざまな人、名人、職人がいる。4つ目が無形の資源である。民俗芸能や味噌や漬物を作る技術などである。

この4つの農村資源のうち、どういった資源を活用してみたいのか、取り扱ってみたいのかを、まず考える。そのうえでこうした資源がある場所を探すという方法である。

私自身、東京から山梨に移住するとき、手がけてみたい農村資源を設定した。第1に農地、第2に森林、第3に自然エネルギー資源である。移住先を山梨県に定めた理由は、耕作放棄率第2位で、農地がたくさん空いていること、森林率第5位で森林資源が豊かなこと、山梨県北杜市は日照時間が日本一で、太陽光発電に最適なことだった。その結果、山梨県北杜市を事業地域に選んだのである。

協力者、支援者がいる地域を選ぶ

協力者、支援者のいる地域にあたるというやり方もある。あなたがもともと農村地域出身で、現在は都会に住んでいる人だとしよう。だとすれば、故郷に帰れば協力者、支援者がいるのは当たり前だろう。では、農村に故郷がない人はどうすればいいだろう。

近頃は、過疎高齢化に悩む農村地域の自治体で協力者、支援者を募る情報を自ら発信しているところがある。例えば、わが村に移り住んでくれたら、住居を提供しましょう、農業の指導者をサポートとしてつけましょうといった情報を発信しているケースがある。このように協力者、支援者を見いだせる地域を探すというのも有効である。

都市部との距離や居住地との距離を考慮して見つける方法もある。私は17年前、東京から山梨に移住したが、その時に考えた視点である。農村で何らかの事業を起こすにあたっては、マーケットとの距離が近いほうがいいだろうと考えた。そこで大都市圏から約2時間圏内という視点で山梨を選んだ。また、私の出身地は長野県である。山梨は東京と長野のちょうど中間であった。

農村起業を行うにあたって、現在の居住地、あるいはふるさとの場所、また、都市部との距離感などを考えつつ、フィールドを探す視点も参考にしてほしい。

農村地域のことをもっと知るために

さらに、そうはいっても農村地域のことをあまりに知らなすぎる、活用したい資源も見当たらない、協力者、支援者もなかなかいない等々の悩みがあるかもしれない。そういう場合には、すぐに資源やフィールドを特定するのではなく、気軽な気持ちでいくつかの農村地域を訪れて、フィールド探し、資源探しに行ってみるのもいい。農村地域ではボランティアや研修・インターン制度を作って、人材募集をしているケースも多い。そのような地域に通いながら地域資源や協力者・支援者探しをし、フィールドを見つけていってもいいだろう。

5　農村起業の2つの始め方について

農村発起業と都会発起業

農村起業には大きく2つの始め方がある。「農村発起業」と「都会発起業」である。農村起業というと、前者の農村発起業をイメージする人が多い。しかし、今後は都会に住みながら起業を行うスタイルも十分可能だと考えている。

もう一度整理していうと、農村発起業とは、基本的に農村に住みながら起業を行うパターンである。都会発起業とは、基本的に都会に住みながら起業を行うパターンである。この2つをにらみながら、自分自身に合う農村起業のパターンを考えればいい。

どちらが向いているのか、実際体験しながら検証してみるとよい。都会に住んでいる人ならば、どこか農村地域に行きながら、農業体験をし、自分自身が向いているかどうかを検証すると、見えてくるかもしれない。

また、体験的な理解のみならず、頭の中で考えて、自らの経験やスキルが、例えば農産物の流通や販売に長けているならば、あえて農村に行くのではなく、都会にいて、川下の農村起業を考えるのが得策だ。こうした点を考え合わせたうえで、農村発起業と都会発起業、両方の視点から考えてみるのが、一人ひとりの農村起業を成功させるポイントである。

Uターン、Iターン、Jターン

次に農村発起業のスタイルについていくつか示してみよう。

都会に住んでいる人が農村発起業を行う場合を考えてみたい。まず、ふるさとへUターンをして、農村発起業をする道がある。Uターンとはもともと生まれ育った農村地域に帰郷するパターンである。

都会から農村へIターンするパターンもある。都会からふるさとでない別の田舎へJターンするパターンもある。私の場合が当てはまるが、長野出身者が東京から山梨に途中下車するパターンである。

さらに派生系として親族の出身地を探し、その農村地域で起業するパターンがある。自らの父親・母親の出身地、あるいはもっとさかのぼって自らの祖父・祖母・おじさん・おばさん、こんなところまでリサーチして、親族の出身地にUターン、Iターン、Jターンするという可能性も考えてみよう。

なぜなら、農村においては人間関係が重視される傾向が強い。ほんのわずかでも接点があると、そこで新たな道が開ける可能性がある。完全なよそ者には貸してもらえなかった農地や空き家が、親族関係者ということになれば、借りられたりするケースもある。

私の友人で、もともと岐阜県の出身であるが、東京で企業経営をしていた人が、大震災を機に広島県に移り住んだ。そして、すぐに空き家を借りて住み、農地も借り、農業を始めた。これをわずか半年で果たした。なぜ実現できたのか聞いてみたところ、その地域はその人の祖父が暮らしていた所で、借りた家も祖父が暮らしていた家だったそうだ。

今、その地域では、何々さんの孫が帰ってきたと、おじいちゃん、おばあちゃんたちが大喜びだそうである。このように、Uターン、Iターン、Jターンの幅を広げて考えてみるのもいいだろう。

通い型や2地域居住パターンも

Uターン、Iターン、Jターンの幅を広げる意味で、通い型パターンもある。農村通い型、都会通い型の2つがある。農村通い型とは、移住しないで都会から農村に通いながら起業するパターンである。実際私が住んでいる地域には、都会に住む経営者が通いながら農村起業をしている。このパターンは今後有望かもしれない。農村には、さまざまな資源があるが、弱点として販売、流通、情報発信が弱いという点がある。その弱点を都会に住む経営者が補いながら起業するのである。

その逆もある。都会通い型である。農村から都会に通って起業する。私の友人で、もともと北海道に暮らしていた人が、拠点を北海道に置きながらも、都会に通って店舗を構え、情報を発信しながら事業をスタートしている。

２地域居住型の起業も増えている。都会と農村両方に居住しながら起業するのである。私たちの団体に、東京に暮らすアパレル企業の経営者が農業研修生として１年間通ってきた。その後、その経営者は私の住む白州地域の空き家を購入した。

そして都会と農村の２地域居住が始まった。農業研修を終えた後、彼は耕作放棄地を借り、都会と農村の２地域居住をしながら、農業をスタートさせた。さらに生産した農産物を使った飲食店を東京にオープンした。これが、２地域居住をしながら起業する典型的なパターンである。私はこのパターンはこれからの１つのトレンドになるかもしれないとも思っている。

さて、さまざまな農村起業のバリエーションがあることがわかってもらえたと思う。皆さんも一人ひとり自分に合ったやり方を探してみてほしい。

6　農村起業の目的・目標は何か

個人が生きて、地域が生きる

私は、農村起業の目的・目標は、個人が生きて、かつ地域が生きることだと思っている。言い換えるならば、自己実現と地域づくりの同時実現だ。実際、農村起業を成功させた人たちと話をしてみると、しばしばこのような発言が出てくる。先に紹介した高知県四万十ドラマの社長、畦地履正さん、岡山県西粟倉・森の学校の社長、牧大介さん、三重県の高校生レストラン「まごの店」のプロデューサー、岸川政之さん、長野県飯田市のおひさま進歩エネルギー社長、原亮弘さんたちが当てはまる。彼らは皆、生き生きと働き、その力で周囲の人たちを巻き込み、さらに地域が生き生きとしてくる。このようなモデルが農村起業の目的であり、目標だと思う。

「はじめに」でも書いたが、長引く不況の中で日本人は将来を見通しにくくなっている。都会に暮らすビジネス人も将来に大いなる不安を感じている。そんな働き手の後ろ姿を見ている家族も漠然とした不安を感じている。

また、都市生活というのは、どうしても仕事中心になりがちだ。家庭における父親・母親としての役割、夫・妻としての役割、あるいは地域社会やコミュニティにおける生活者としての役割が十分に発揮されない傾向がある。これは人間疎外といえるかもしれない。

ところが、農村起業を実践していると、このような人間疎外の要素が解消されてくる。それこそが農村起業がソーシャルビジネスたる所以だ。農村起業をしていると地域社会との接点が当然のことながら大きく開けてくる。また、企業、行政、大学、NPOなどのさまざまな組織や人々との幅広い接点を持つことになる。地域の課題解決は限られた関係者だけでは難しいことが多いからである。ましてや、農村発起業のスタイルで、農村に拠点をおいて活動を始めれば、生活の中でやるべきことが次から次へと出てきて、疎外感を感じている暇などないだろう。

そんな活動の中で個人が生き生きとしてくる。また、1人の人間のパワーに周囲が巻き込まれ、地域全体が活性化してくる。こうした方向こそが農村起業の目的・目標なのである。

コラム

農村起業に向く人って、どんな人？

農村起業に関するセミナーを行っていると、「農村起業に向いている人はどんな人ですか」という質問をよく受ける。私の答えは、「さまざまな人に可能性があります」である。農村起業のフィールドは広い農村のみならず、都会でも可能だし、事業の規模も半農半Xのような、個人の暮らしをベースにした小規模な事業から、地域の木材資源を活用した建築事業のような大規模なものまで、バリエーションがあるから、さまざまな人が農村起業に向いている。

農村コミュニティの中に入っていくのが得意な人と、得意でない人がいる。農村コミュニティの中に入るのが得意な人は、「農村発起業」に向いているし、農村のコミュニティに入っていくのが苦手だという人は「農村発起業」よりも、「都市発起業」のスタイルを選べばよい。自らのやりたい方向性を見極め、自分に合った農村起業のバリエーションを選ぶことができる。

また、「農村起業というからには、事業家としての資質面で向き不向きがあるのではないか」との質問もよく受ける。当然、起業であるから、ビジネス感覚や経営感覚は必要だ。しかし、私が農村起業家をサポートした経験の中では、ビジネス感覚がほとんどないような人でも、農村起業に成功しているケースが結構ある。彼らの共通点は、思いがとても強い人たちということである。農村地域の活性化のためになんとかしたいという強烈な思いがある人ならば、ビジネスセンスの不足を補ってしまう。

先に農村起業とは農村資源の活用をソーシャルビジネスの手法で行うと説明したが、こうした成功者が出てくるのは農村起業がソーシャルビジネスの１つだからかもしれない。ソーシャルビジネスは、文字通りビジネスの要素と、ソーシャル、コミュニティ活動の要素が渾然一体となって成立する。思いのとても強い人は、このソーシャル志向、コミュニティ志向が強いため、ビジネス面の弱点を補ってしまう。強烈な思いと行動が、社会的な共感を呼び起こし、その人の周りに経営資源を引き寄せてしまうのだ。

ＩＴの普及によって農村起業はとてもやりやすくなってきた。私は１９９５年に山梨の農村地域に移住した。当時、東京で経営コンサルタント会社の経営をしていた。約10年間は農村起業と並行し、コンサルタント業を続けていた。その頃は東京と山梨との間で情報のやりとりをしていたが、当時は電子メールもインターネットもなかった。

私は山梨の自宅で企画書などの書類を作り、そのデータをフロッピーディスクに入れて、東京の会社に郵送するという、今では考えられないやり方をしていた。その当時はそれが当たり前だった。ところが今では電子メールやツイッター、フェイスブック、テレビ会議などのＩＴ環境が当たり前となり、都会と農村における電子上の情報格差はなくなった。

どこにいても情報の受発信や共有が可能になった。農村起業を行うにあたって、このことはとてつもなく大きい。インターネットツールの出現によって、農村起業の環境は多くの人に開かれたのである。

第2章

「楽しくて小さなモデルを作り、アピールし続けるべし」の鉄則
――農村起業の仕込み期

1　先輩のモデルを知ろう

自費出版で本を出した四万十ドラマ

まずは本章を始めるにあたって、農村起業における「楽しくて小さなモデル」の事例を紹介しよう。1つ目は、第1章でも触れた四万十ドラマである。四万十ドラマは、高知県四万十地域で6次産業化商品を企画・販売する会社で、その売り上げは今や3億円を超すに至っている。同社がブレイクしたきっかけは、1997年に『水』と題する本を出版したことだった。四万十ドラマは活動コンセプトを表現する媒体として、本を出したのである。「水を語ることによって、人の豊かさを語る」というテーマで、時代をとらえていると思う人たちに原稿を依頼した結果、糸井重里さん、櫻井よしこさん、筑紫哲也さん、浅井慎平さんら18人が応じてくれた。その原稿料は、四万十川の天然アユ3年分、1キロだった。

本書は自費出版で8000部を作ったが、新聞や雑誌に大きく取り上げられ、一般書店でも取り扱いが決まった。出版を契機に、四万十ドラマの知名度は高まっていった。四万十ド

四万十ドラマが自費出版した『水』

ラマの社長である畦地履正《あぜちりしょう》さんは、地元の農協に勤務していたが、地域を元気にする仕事がしたいと、農協を退職、旧・大正町、旧・十和村、旧・西土佐村の3つの四万十川中流域町村が出資して設立した第3セクター「四万十ドラマ」の創業期に入社した。現在20人いる社員も畦地さんが入社した当時は2人にすぎなかった。

最初は小さな屋台だった「高校生レストラン」

2つ目の事例は第1章でも触れた、三重県多気町の高校生レストラン「まごの店」でテレビドラマ化され、全国放送されたことで有名になった。しかし、最初

まごの店１号店

から毎週土日に1000食もの料理を提供していたわけではない。

2002年、店の前身として1号店が開店した。当初は農産物直売所「おばあちゃんの店」の入り口前にある、テント張りの屋台のようなお店だった。メニューはうどん、だし巻き玉子、豆腐田楽の3種類だけ。小さな厨房で作ることができる料理としては、これぐらいが限界だったそうだ。

しかし、料理の内容は、高校の調理クラブの地道な活動で磨いていたおかげで、高校生とは思えないほどのレベルであった。1号店は高校生が運営するお店という珍しさも相まって大きな話題となった。新聞やテレビなどのマスメディアに取り上げられ、その報道が相乗効果を呼んで、予想以上の集客につながっていった。

この小さな屋台での活動が、現在の客席74席の高校生レストラン「まごの店」に成長した。また、重要な点として、この第1号店を高校生自身が運営することによって、高校生自らが接客やコスト管理の手法を学んでいったことがある。この時に習得したさまざまなスキルが、現在のレストラン運営に活かされるようになった。

2つの事例の共通点は、最初から大きなことをやろうとして、大きくなったわけではないことだ。最初は持ち出しの自費出版だったり、小さな屋台だったり、地道な活動があってはじめて、地域や社会との接点が生まれてくる。まさに「小さく生んで大きく育てる」の典型である。

2　事業モデルの作り方

大きく始めると失敗する

何らかの事業を起こすためには、まず商品やサービスを開発していくことになる。そのスタート時点で有効なのが、「楽しくて小さなモデルを作り、アピールし続けるべし」の鉄則である。

農村地域では近頃「6次産業化」ばやりである。しかし、地域で作った農産物を素材に加工品を作ったはいいが、まったく売れない。倉庫は在庫の山、結局は商品開発だけでおしまいとなる。こうしたケースが非常に目につく。

ある農村地域の出来事である。その地域ではたくさんの農産物が生産されているので、これらを使って、大々的に加工品を作ろうということになった。地域で6次産業化を目指そうというのである。役場は、多くの農家に声をかけた。農家の人々は、自分が栽培している農産物が活用されるかも、という期待から、内容はよくわからなかったが、集まりに参加した。

その集まりでは、主催者側から農産物を活用した郷土料理のアイデアが出された。では、みんなで料理を作ってみようということになった。何十種類もの郷土料理が試作された。常日頃、当たり前のように作っているものなので、農家の女性たちは自信があった。その試作料理はフードコーディネーターの監修のもと、おしゃれな盛り付けとなって、写真に撮られた。

そして、その写真は地域の６次産業化の成果として、豪華なパンフレットに掲載された。たいへん見栄えのよいパンフレットだったが、残念なことにこの事業はそれでおしまいになってしまった。

試作の郷土料理は商品にならなかった。集まりに参加した農家が栽培した農産物も活用されることはほとんどなかった。これは私が作ったフィクションであるが、現実にも似たような事例がとても多い。では、これは１節で紹介した２つの事例と何が違うのか。

最初から大がかりな資金を投入し、最初から商品開発をしてしまったことである。私はこうした失敗例を何回も見るにつけ、「楽しくて小さなモデルを作り、アピールし続けるべし」の鉄則を思いついた。

なによりもまず、小さく始めることが大切である。そもそも、最初から大きなことを行うことは、しょせん無理な話である。だから、最初は小さなことを仕込むべきである。

小さくていいから、自分がこれから目指そうとしている、思いやビジョンや世界観のようなものを示す「何か」を作ることが重要である。事業のスタート時は、夢がいっぱい広がっているかもしれない。それはそれで大変素晴らしいことだ。しかし、その夢を、最初から大きく実現させることは不可能である。言い換えれば、事業にはウルトラCがほとんどないということである。

楽しければ周囲を巻き込める

また、事業というのは楽しくなければならない。この「楽しいかどうか」という意味は、周りを巻き込めるかどうか、という視点と同じである。

事業のスタート時点で重要なことの1つは、あなたが「おもしろいことを始めたよ」と、周囲に伝える行動である。だからこそ、「楽しいかどうか」が大切なのである。楽しいといっても、別に「わはは」と、笑い転げるようなことをしなければならない訳ではない。あなた自身が楽しそうにやっていれば、自然に周囲に影響を及ぼすことになるのである。

当初の高校生レストラン「まごの店」はテント張りの屋台で、メニューは3種類だけだったが、高校生たちが運営していて、なにやらとても楽しそうだった。この楽しさが話題となって、地域を巻き込んでいったのである。

では、「楽しくて小さなモデル」をどうやって作ればいいのだろうか。まずは、あなたの事業で達成してみたい思い、ビジョン、世界観を、紙の上に書いてみよう。そして、書いたものを見ながら、自分は本当は何がやりたいのか、もう一度確認しよう。

それが確認できたら、次に「楽しくて小さなモデル」を考えよう。あなたの思いやビジョンを、小さなやり方で表現でき、かつ楽しそうな事業はないか、と考えてみる。

また、事業を考えるうえでは、「もの」「こと」「仕掛け」の３つの視点から考えてみるとよい。「もの」という商品を考えるだけでなく、「こと」であるサービスやイベント、さらに、周囲を巻き込む「仕掛け」の要素はないか、じっくりと考えてみる。ここは十分に時間をかけてよい。

先に紹介した四万十ドラマの場合は、『水』の本が楽しい「仕掛け」となった。四万十ドラマの思いを共有してもらえそうな著名人から原稿を集め、四万十ドラマのビジョン・世界観を表現した。その後、この本が話題となり、四万十ドラマの名前が広がった。そして、知名度が上がるにつれて商品の販売も増えていった。

私も、山梨に移住して農林業を始めた当初、「楽しくて小さなモデル」を作って表現した。それは、「南アルプスいなか新聞」というフリーペーパーであった。「南アルプスいなか新聞」は季刊で自費発行した。「田舎暮らしはこんなに楽しいんだよ」という情報を掲載し、記事下のスペースで自ら栽培している農産物のＰＲを行った。この新聞は、その後さまざまなメディアに取り上げられ、農産物の販売高も上向いていった。

みんなでアイデアを出し合おう

しかし、自分１人だけで「楽しく小さなモデル」を考えていても限界がある。そんなときは、何人かで集まり、アイデア出しをしてみよう。１人でアイデアを出すよりは、大勢の人が集まって考えたほうが、さまざまなものが出てくるだろう。

ブレインストーミングの手法を用いるのもいい。ブレインストーミングとは、集団でアイデアを出し合うことによって参加者の発想の活性化を期待する技法である。ブレインストーミングには、４つの原則があるという（以下「ウィキペディア」を参照）。

判断・結論を出さない（結論厳禁）

自由なアイデアの抽出を制限するような、判断・結論を慎む。判断・結論はしない。ただし可能性を広く抽出するための質問や意見ならば、自由にぶつけ合う。例えば「予算が足りない」と否定するのはこの段階では正しくないが、「予算が足りないがどう対応するのか」と可能性を広げる発言は歓迎する。

奇抜なアイデアを歓迎する（自由奔放）

誰もが思いつきそうなアイデアよりも、奇抜な考え方やユニークで斬新なアイデアを重視する。新規性のある発明は、最初は笑いものにされることが多いが、そういった提案こそを重視する。

量を重視する（質より量）

さまざまな角度からたくさんのアイデアを出す。一般的な考え方・アイデアはもちろん、非常識だが新規性のある考え方・アイデアまで、あらゆる角度からの提案を歓迎する。

アイデアを結合し発展させる（結合改善）

別々のアイデアをくっつけたり、一部を変化させたりすることで、新たなアイデアを生み出す。他人の意見に便乗することを推奨する。

仲間内だけでブレインストーミングを行っても、幅広いアイデアが集まらないかもしれない。その場合は、その分野の専門家がいる大学やコンサルティング会社などにヒアリングするのもいいだろう。またその商品・サービスを扱う販売店に、商品の動向を聞くのもいい。さらに、教えてくれないかもしれないが、その競合他社に電話をして聞いたり、その商品を買うと思われる、想定顧客の人たちにヒアリングするのも有効だ。このように、アイデアをとにかくたくさん集めるのである。

これぐらい情報収集してみれば、「楽しくて小さなモデル」の複数のアイデアが、あなたの頭の中に集まってくることだろう。

先の私の作ったフィクションの6次産業化例は、「郷土料理ありき」で話が進んでいたが、アイデアを初期段階から絞ってしまったことも問題なのである。

アイデアをふるいにかけよう

ここまでアイデアを収集すれば、「楽しくて小さなモデル」の候補がたくさん出てくる。次は、たくさんのアイデアをどのような形で絞っていくかである。それが「ふるいにかける」という過程である。

まず、縦軸にアイデアを並べてみる。横軸には「思いが伝わるか」「小さいか」「楽しいか＝周囲の巻き込み効果はあるか」という評価軸を記入する。

すると、縦軸に楽しくて小さなモデルのアイデア、横軸にはその評価軸が記入された表が完成する。さらにその表にあなた自身で点数をつけてみる。最高点5点、最低点1点でもいいだろう。そうすると、アイデア候補に優劣がつく。それを見ながら、あなたが考えた「楽しくて小さなモデル」のうち有望なものをいくつか選択する。

そうしたら、その選択したアイデアを5Pのビジネスモデルの形にしてみる。この5Pのビジネスモデルの作り方は、前著『日本の田舎は宝の山』で書いたので詳細を省くが、アイデアを以下の5つのPで埋めてみるのである。5つのPとは、①プロダクツ（商品、サービス、イベントなど）、②プライス（価格とともに推定販売数量も書く）、③プレイス（販路や流通チャネル）、④プロモーション（販売促進、PR、宣伝など）、パーソン⑤（想定顧客属性）、パーソン⑤（事業組織体制）だ。

この5つのPをまずは埋めてみる。そして、もう一度、ふるいにかけるのだ。今度のふるいは、そのビジネスモデルに事業性や採算性があるかどうかを判断するためのものだ。また、先のふるいの表のように、縦軸にビジネスモデル名を列挙する。横軸には売り上げはあがりそうか、収益性はあるか、資金調達は可能か、技術はあるか、体制はあるか、PR効果はあるか、将来性はあるかといった事業性、採算性の評価基準を記入する。

そうしたら、次にその表にあなた自身で点数をつけてみる。最高点5点、最低点1点でもいいだろう。すると、残ったビジネスモデルに事業性、採算性からの優劣がつく。それを見ながら、あなたの「楽しくて小さなモデル」の最終案を選択すればよい。もちろん選択する際は、ビジネスモデルのさらなるブラッシュアップを図ることをお忘れなく。もしもこの時点で、あまり評価のよいものがなかったら、もう一度最初からやってみるとよい。根気よく続けよう。その間にあなたのプランニングスキルも向上するだろう。

そして次は、試作である。最終的に決まったビジネスモデル＝楽しくて小さなモデルを、今度は実際に試作してみる。そして試作品をまずは自分たちで試してみる。食品の加工品なら、試食してみよう。自分たちだけで試食するのではなく、友人や会社の同僚に試食してもらってもいいだろう。また、簡単な試食会を企画して、評価をもらってもよいだろう。当初想定していた味が出なくて、評価が低かったら、再度試作してみよう。そんなことを繰り返していると、「おっ、これはいける！」という瞬間が来る。そうしたら、テストマーケティングを経ながら（これは第6章参照）、あなたの「楽しくて小さなモデル」を、本格的なデビューに向かわせていけばいいのである。

私も、17年前、農村起業を始めたとき、こんなことを約半年かけて行って、薪ビジネスや農産物販売をスタートさせていった。今説明したプロセスを、表にまとめてみたので参考にしてほしい。

楽しくて小さなモデルづくりのプロセス

１．アイデア出し

アイデア出し、ブレーンストーミング、ヒアリング（顧客、大学、コンサルタント、競合他社、販売店）

２．第１次ふるい作業

アイデア評価：「思いが伝わるか」「小さいか」「楽しいか＝周囲の巻き込み効果はあるか」

３．ビジネスモデル設定

５Ｐの視点でビジネスモデルを設定

４．第２次ふるい作業

事業性評価：売上高、収益性、資金調達、技術、体制、PR効果、将来性など

５．試作品開発と、評価テスト

６．テストマーケティング

７．事業導入時期の検討

3　農村起業のアピールのやり方

「続けること」が重要

楽しくて小さいモデルができたら、次は世の中に対するアピールである。「楽しくて小さなモデルを作り、アピールし続けるべし」だからだ。ここでは、特に「し続けるべし」が、重要なポイントとなる。ともすると、商品が完成すると、パンフレットを作って情報発信をするが、メディアに取り上げられたりすると、もう世間に知れ渡ったと思い込んでしまい、さらなるアピールを忘れてしまいがちだ。しかし、世間はそんなに甘いものではない。一度や二度マスコミに取り上げられても、それを見たり聞いたりした人は、ごく一部であると認識すべきである。

また、人というのは忘れやすいものである。いったん知っても、半年もすれば忘れてしまう。「人の噂も七十五日」というではないか。だからこそ、「アピールし続けるべし」なのである。

３つのアピール方法

では、どのようにアピールを続ければいいのだろうか。３つの方法がある。第１に、チラシやホームページ、ブログ、フェイスブックなどＰＲツールを使ってアピールをする方法。これは、一般的に行われているやり方だからわかりやすいだろう。第２にイベントなどでアピールする方法。これも一般的だ。第３に仕掛けを作ってアピールする方法。この３つである。

この３つの方法について、いくつか有効なアイデアを紹介しよう。まず、１つ目のＰＲツールを使ったアピールだが、農村起業分野は今後もますます社会的な話題になるだろう。いわばこの分野自体が「旬」のテーマである。こういうときは、メディアに取り上げられることも多くなる。だから、新聞、雑誌、テレビなどのマスメディアに、プレスリリースを送るなりして、アピールすることをお勧めする。

報道する側もこの分野の情報を探していることが多いから、数多くのメディアに情報発信して､反応を待てばよい。私も先に紹介した｢南アルプスいなか新聞｣を発行するたびに､毎回､50～１００カ所ほど情報提供した。その結果、最低でも5社のマスコミに取り上げられたことを覚えている。

何でもいいから「1番」を目指せ

次に、イベントを使ったアピールのアイデアである。ここでひとつ、読者のみなさんにクイズを出そう。日本で2番目に高い山はどこか？　答えは北岳である。第1位はもちろん富士山だが、第2位の北岳を答えられない人は多いだろう。なぜ、こんなことを聞いたかといえば、今や全国あちこちでPRイベントのたぐいが開催されているが、どこも「目立たない」「知られない」「人が集まらない」の3つの課題を抱えているからである。

言うならば、PRイベントが北岳のような存在になってしまっている。そんな時のヒントは富士山だと思う。富士山は誰もが知る1番である。とはいうものの、1番を作るのは難しいと思うかもしれない。しかし、あなたが手がけるイベントやPRすべき「楽しくて小さなモデル」の要素から、1番の部分をとにかく探すことである。そして、それを中心にアピールをする。

高校生レストラン「まごの店」の1号店は、テント張りの屋台の小さなお店だったが、高校生の運営するレストランとしては、日本で1番だっただろう。1番というのはとにかく目立つのである。

仕掛けをつくってアピールせよ

最後に、仕掛けを使ったアピールのやり方である。さまざまなネットワークを利用したアピールがとりわけ有効である。行政機関と連携したネットワークを作り、楽しくて小さなモデルをアピールするのも1つの手である。スタートしたばかりの農村起業は、なかなか信頼を得にくい。行政との連携はこの弱点を補うことにつながる。もちろんその場合は、目的や利害が連携先の行政機関と合致している必要があるが、連携がスムーズにいけば、あなたの「楽しくて小さなモデル」は地域の信頼を勝ちとることができるだろう。同様に、大学や企業などと連携し、「楽しくて小さなモデル」をアピールするやり方もある。

私は、ネットワークづくりは、社会との新たな関係を作るという視点が重要だ思う。ネットワークが拡大することによって、これまで関わりのなかった新組織やコミュニティ、グループとの新たなチャネルが広がる。その結果、事業モデルのPRにつながっていく。こうした3つのアピール方法を組み合わせて実行すれば、さらに効果は大きくなる。

今はソーシャルネットワークの時代であり、ブログ、ツイッター、フェイスブックなど、さまざまなツールを駆使するのは当然である。そして、最後にもう一度念を押すが、アピールのポイントは、「とにかく続けるべし」である。

コラム

捨てる神あれば拾う神あり

「楽しくて小さなモデル」が生み出され、それが「アピールし続けるべし」の鉄則に則って、きちんと実践されていくと、「捨てる神あれば拾う神あり」現象が起きてくる。なぜなら、あなたの思いが詰まった楽しいモデルであれば、きっと誰かが反応してくれるはずだからである。最初は反応がまったくなくても、しばらくアピールを続けていれば、必ず何らかの反応が出てくる。もし「拾う神」が１人でも出てきたら、その背景には１００倍のお客さんや協力者がいると思っていい。

小林聡美主演の『かもめ食堂』という映画を見たことがあるだろうか。主人公のサチエはフィンランドのヘルシンキで、日本食の食堂を始める。最初はまったく客がやってこない。地元の人は店の中を遠巻きに眺めるだけだった。しかし、毎日お店を開けていると、そのうち、お客が１人、２人と訪れるようになり、いつしか店は満員、繁盛店になっていく。この映画のように、ひとたび楽しくて小さなモデルが見つかったら、自分の選んだ道を信じて突き進んでみることだ。

「楽しくて小さなモデル」をアピールし続けるならば、「捨てる神あれば拾う神あり」の鉄則通り、社会との接点が広がり、立ち上げた事業のエンジンにスイッチが入ることになる。この瞬間が来たら、「しめた！」と思うだろう。この感覚は経験したことのある人間でないとわからないと思う。

私も、東京から山梨に移住して林業を思いつき、薪ストーブ用の薪を丸太のまま販売するビジネスを始めたとき、「こんなものは、誰も買わないよ」と多くの人に冷たく言われた。でも私は、地域における薪ストーブユーザーの数を考えれば、必ずや「拾う神」が現れるだろうと確信していた。そして、実際、拾う神が次々に現れた瞬間を、決して忘れない。

第3章

「立っているものは親でも使え」の鉄則

――農村起業の巻き込み期

「楽しくて小さなモデル」が開発され、「拾う神」が現れてくると、徐々にその商品やサービスが認知されるようになり、あなたの地域デビューが始まる。こうなってくると、事業にエンジンが少しかかった状態となる。暇だった時期から比べると、忙しく、慌ただしくなってくる。でも、まだまだよちよち歩きである。たぶんその時期は資金も足りない。販路もきちんとできていない。そういった段階では、将来の事業成長を助けるための態勢を作っていくことが重要である。

もっとも、将来のための態勢を作るといっても、大掛かりな投資を行うような余裕はないはずだ。そんなときに有効なのが、「立っているものは親でも使え」の鉄則である。

1　仲間を集めよう

最初は家族の同意から

もし、あなたに家族がいるならば、まずは家族の同意を取りつけよう。これまで私はさまざまな農村起業家の支援をしてきたが、家族の同意がないまま始めた人に多いのは、家庭崩壊というケースである。田舎暮らしを夢見て、都会から農村に移住し、いざ始めてみたものの、家族の同意が不十分だったために、悲劇を迎えてしまったケースがままある。

あなたの家族はあなたの最初の支援者であり、極めて重要な存在であるはずだ。だから、農村起業の最初のステップは家族の同意である。何はなくともここから始めなくてはならない。家族の同意を固めた後は、友人に話をしてみよう。このあたりは誰でもできるだろう。そして、もう少し広い範囲で仲間集めを考えてみよう。

都市住民の約３割が田舎暮らしのライフスタイルや都市と農村の交流に関心があるという調査がある。こうした志向の都市住民が集まるインターネットサイトやＳＮＳも多い。まずは、こういった場を使ってあなたが作った「楽しくて小さなモデル」をアピールしてみたらどうだろうか。きっと、勇気を持って起業に踏み切ったあなたに共感する人が現れてくるだろう。

シニア層や若者に声をかけてみよう

農村起業に踏み切る人の少なさにくらべると、農村起業に共感する人、いずれは自分もやってみたいという人は非常に多いと思われる。定年を迎えた団塊世代、特に退職直後の61歳から64歳のシニア層で、第二の人生として何かチャレンジしたいという人々は相当な数になる。こうした層に向けた仲間集めは有効である。

さらに、若者である。大学生を含む若者層では、ソーシャルビジネスに関心を示す人が増えている。農村の活性化に関心を持って参加する若者たちも確実に増えている。彼らは、農村のフィールドを探している。ところが、農村との接点はなく、思いはあってもなかなか実行に移れないでいる若者が多い。そんな若者に対し、インターン、ボランティア、研修生などの仕組みを作り、仲間として参加してもらうのはどうだろうか。実際、われわれの団体でも、これまで1000人以上の若者たちがプログラムに参加してくれている。

2 ネットワークを作ろう

なぜネットワークが必要なのか

事業を立ち上げるためには、組織の基盤が必要である。これは誰でも頷けるだろう。では、なぜネットワークづくりが必要なのだろうか。なぜ、ネットワークを広げる必要があるのだろうか。そもそも、こうしたことを考えたことがあるだろうか。

なぜ、ネットワークが必要であり、広げるべきか。ネットワークは経営資源を調達する際に大きな助けとなるからである。ネットワークの拡大によって、ひと、もの、金、情報という大切な経営資源を得やすくなる。逆に言えば、ネットワークづくりに経営資源を調達する視点がないと、ただ、やみくもにネットワークが広がって、図体ばかり大きくなり、事業上の利点が得られないことになってしまうから、要注意である。

経営資源を集めやすくなる

ネットワークが広がれば、さまざまな経営資源が集まる可能性が見えてくる。こうした視点から考えると、地域内外のさまざまな組織や人々との付き合い方にコツがあることに気づく。具体的には行政、企業、大学、NPO、JA、森林組合、商工会、商工会議所などとの関係である。

例えば、自治体の行政は、あなたが始めたばかりの農村起業のパートナーになる可能性がある。もし、あなたが過疎・高齢化が深刻な地域で活動を始めたとする。おそらく、その地域では過疎・高齢化対策が、行政の政策課題になっていることだろう。もし、その政策課題の分野であなたの農村起業と行政が連携したら、どのような経営資源が調達できるかを考えてみよう。それは、使われないままの施設かもしれないし、あるいはこの政策関係の予算かもしれない。

また、大学とのネットワークができれば、あなたの立ち上げた事業に、大学生の夏休み期間中のインターンを受け入れられるかもしれない。昨今、大学では就職対策や体験学習の目的で、大学生を企業にインターン派遣するケースが増えている。この派遣先として、農村起業の現場が選ばれるケースもある。

これまで「えがおつなげて」でも、多くのインターンを受け入れてきた。農村では少子高齢化が進み、若者が少ない。大学とネットワークを結ぶことによって、若者という人的資源が農村起業の現場に参加することができる。

また、企業とのネットワークによって、新たな顧客を開拓できるかもしれない。「えがおつなげて」では、大手出版社と連携し、出版社が発行しているコミック誌の読者を対象とした田植えツアーを実施した。そのコミック誌上で田植えツアーの募集を行ったところ、40人定員に対して、約1000人の参加申し込みがあった。この連携を通じ、私たちは出版社の読者という「人の経営資源」とのつながりができた。

農村起業を始めたばかりの時期は、自前ですべての経営資源を調達するのは難しい。この時期には、あなたの周りにあるさまざまな人や組織をよく観察し、ネットワークを作る可能性がないかを考えてみよう。その際には経営資源の調達という視点を忘れてはならない。きっと、あなたが始めた事業との接点が見えてくるはずだ。先に紹介したように、四万十ドラマは、『水』の本を出版するにあたり、四万十川の天然アユ3年分1キロを原稿料として、著名人から原稿を集めた。本を出版することによってオピニオンリーダーという「人の資源」のネットワークを構築することができたのである。

ネットワークを広げるイメージを明確にするキーワードをあげると、連携、協力、協賛、後援、共同、共催、提携、合併などになる。参考にしてほしい。

3　資金調達をどうするか

ソーシャルビジネスの5つの財布

第1章で、農村起業の特徴として、①さまざまな農村資源の活用、②ソーシャルビジネス的手法、③スタイルは多様、と述べた。だから、資金調達においてもソーシャルビジネス的な戦略を実行するのが有効である。

ソーシャルビジネスの資金調達は「5つの財布」で成り立っている。第1に一般的な事業収入、第2に会費、寄付、協賛金、出資金といった有志からの資金。第3に助成金、補助金といった公的な資金。第4に金融機関などからの融資資金。最後に自ら集めた自己資金である。

では、この5つの財布を組み立てる方法を具体的に考えてみよう。まずは、資金調達をするうえでの前提を確認する。それは、あなたが作った「楽しくて小さなモデル」が、あなたの暮らしている地域社会なり、特定の顧客から一定の評価が得られ、「拾う神」が現れた段

おひさまファンドの実績

ファンド名 （保有会社）	募集金額	募集期間（実質）	応募額
南信州おひさまファンド （おひさま進歩エネルギー）	2億150万円	05年2月～5月	2億150万円
温暖化防止おひさまファンド （おひさまエネルギーファンド）	4億6,200万円	07年11月～08年12月	4億3,430万円
おひさまファンド2009 （おひさまエネルギーファンド3号）	7,520万円	09年6月～9月	7,520万円
信州・結いの国おひさまファンド （おひさまグリッド）	1億円	09年10月～10年1月	4,790万円
信州・結いの国おひさまファンドⅡ （おひさまグリッド2）	8,100万円	11年10月～12月	8,100万円
合計	9億1,970万円		8億3,990万円

© OSE

階である。

もしあなたの作ったモデルが、幅広く人々の共感を得られるようなモデルであれば、会費、寄付、協賛金、出資金などの形で、有志からの資金を集めることが可能であろう。

第１章で、岡山県の西粟倉・森の学校が「西粟倉村・共有の森ファンド」を立ち上げ、１口５万円を、４２０人から集めたことを紹介した。また、同じ第１章で、長野県飯田市のおひさま進歩エネルギーの、一般市民の出資をもとにした市民共同発電所づくりを紹介した。現在までに、約１６００人から約8億４０００万円の出資を集め、太陽光発電の全設置箇所は２５３カ所に至っている。

もし、あなたのモデルが、ある特定の顧客層から圧倒的な支持がある場合は、その顧客層の背後には、あなたのモデルのファン＝強力な顧客がたくさんいるであろうことを想定し、ＰＲや営業を集中的に行うのがいいだろう。

私の例で恐縮だが、私の住んでいる地域で薪ビジネスが成長していたとき、同様のニーズを持った顧客が全国にいるだろうと想定し、薪の宅配事業を仕掛けたことがあり、関東、関西方面からも多くの注文があったことを覚えている。ただ、地域にある森林資源を遠方まで宅配することに疑問を感じ、途中でやめてしまったのだが。

行政の補助金・地域金融機関からの融資の道も

もし、あなたの事業モデルが、特定地域の社会的課題、政策課題を解決するうえで有効であれば、国、都道府県、自治体の補助金が得られる可能性がある。以下のキーワードでネット検索してみるとよい。農林水産省では、６次産業化、都市と農山漁村の共生・対流、グリーンツーリズム、都市農業、新規就農。経済産業省では、農商工連携、再生可能エネルギー。国土交通省では、２地域居住。総務省では、地域力の創造・地方の再生、交流居住、緑の分権改革。環境省ではエコツーリズム等である。また、この同じキーワードを、各都道府県名、自治体名とセットで検索してもよいだろう。あなたの農村起業と合致する補助金が見つかるかもしれない。

また、あなたの事業モデルの将来性が地域社会で評価され、かつ、経営者としてあなた自身が評価されるようになった場合には、始めたばかりの事業でも、金融機関の融資を得られるかもしれない。日本政策金融公庫では、先の国の政策事業に対応する形で、すべてではないが融資制度があるので、尋ねてみるとよい。

日本政策金融公庫は各都道府県に支店があり、農業部門と中小企業部門に分かれているから、両方を訪問してみるとよい。実際、私も同金融公庫から、ＮＰＯ法人で申請し、約２０００万円の融資を受けたことがある。また、地方銀行や信用金庫、信用組合にもこの分野に適用できる融資制度があるかもしれないから、営業店などで聞いてみるとよい。山梨県にある地方銀行、山梨中央銀行にはＮＰＯサポートローンというＮＰＯ専用の融資制度がある。実はこの融資制度が作られるときに、私もアドバイスをした。融資限度額は５００万円、無担保融資である。保証人1名のみで、連帯保証人は必要ない。

もちろん、融資を申し込む際は、決算書類を含む申請書類を用意する。「えがおつなげて」でも今まで数回お世話になった。こうしたＮＰＯ専用の融資制度がある地域金融機関は他にもあると思うので、各地域の金融機関を訪ねてみよう。

また市民バンクと呼ばれる、地域で活動するＮＰＯや、コミュニティビジネス団体に対し、低利融資を行う組織もあるので、チェックしてみよう。未来バンク事業組合、北海道ＮＰＯバンク、東京コミュニティパワーバンク、ap bank、コミュニティ・ユース・バンクなどである。

ここまでいくつかの資金調達の方法を紹介した。ソーシャルビジネス的な資金調達の幅広い可能性を理解してもらえただろうか。もっとも事業スタート時点の一番の資金調達は、とりもなおさず、自ら苦労して貯めた、あるいは集めた自己資金である。また、ここで説明した前提はあくまであなたが作った「楽しくて小さなモデル」が、あなたの暮らしている地域社会なり、特定の顧客から一定の評価が得られ、「拾う神」が現れた段階であることを忘れないでほしい。

まだそこまで至っていない段階の資金は、自己資金しかない。そんなときは、親戚や知り合い、親友などから、相対で資金を借りるということも重要な資金調達手段となる。その時は、お互いに契約書を取り交わしておくといいだろう。契約書には契約者名、借入額、借入期間、金利、返済方法などの基本的な事柄を書いておこう。

4　ものの調達のやり方

農村起業において、もの資源は独壇場である。なぜなら、農村部で最も優位性がある資源はものだからである。このあたりの事情は前著で詳しく紹介したが、耕作放棄地、使われていない森林、空き家は日本全体で７００万戸ある。農村活性化のために作られた、さまざまな施設、稼働率の悪い食品加工所、休校になった学校や、使っていない行政施設なども至る所にある。こうしたもの資源調達の戦略をきちんと作っていくことが必要である。まずは、いくつかの代表的なもの調達のやり方を紹介する。

農地を調達する

農業者でない一般の人や法人が、そのままの状態で農地を借りたり、購入取得することはできない。農地には農地法という法律があるからだ。一般の不動産の賃貸や売買と基本的に異なる点は、ここにある。

まず、農地を借りる場合の手順について記そう。個人でも法人でも農地を借りる場合には、自治体の農政課、農業委員会へ行って、その地域で農地を借りる手順や基準について聞く。農地を借りる手順や基準は、自治体ごとにかなり異なる。自治体に相談に行くと、新規就農営農計画書という書類を渡されるケースが多い。

この書類にあなたの予定している農業計画を記入する。記入を終えたら、自治体の農業委員会に提出する。記入する際には、自治体の農政課、農業委員会、さらにその自治体のある都道府県の農務事務所に相談するとよい。親切に相談に乗ってくれることだろう。ただし、農地を借りるにあたって、こうした書類の提出を求めない自治体もあるので、最初に自治体を訪問する際、よく聞くことだ。ちなみに、私の住む山梨県北杜市はこの書類提出を求めていない。

また、各自治体ごとに最初に借りる農地の下限面積を設定している。この下限面積も自治体によって異なり、北杜市のように、面積の設定をしていない自治体もある。

そのうえで、借りられる農地を斡旋してもらったり、自ら探したりすることになる。

借りたい農地が見つかったら、自治体の農業委員会に利用権設定書という書類があるから、これを入手して、農地の地主とあなたとの間で、農地の契約を結ぶ。そして、利用権設定書を農業委員会に提出する。農地の契約には賃貸契約と賃料のない貸借契約がある。賃貸料は、

（記入例）

第1 利用権設定（経営受委託、移転及び転貸を除く）関係

1 各筆明細

整理番号	利用権の設定を受ける者の氏名及び住所（A）	(氏名又は名称) 都 留 太 郎（借り人） 実印	(住所) 都留市上谷一丁目○番△号
	利用権を設定する者の氏名及び住所（B）	(氏名又は名称) 都 留 次 郎（貸し人） 実印	(住所) 都留市田原三丁目○○番地

利用権を設定する土地（C）					設定する利用権（D）						利用権設定等促進事業の実施により成立する利用権の設定等に係る当事者間の法律関係（E）	利用権を設定する土地の（B）以外の権原者等（F）				備考
大字	字	地番	現況地目	面積（㎡）	利用権の種類	内容	始期	存続期間（終期）	借賃	借賃の支払方法		住所	氏名又は名称	権原の種類	[同意印]	
小形山	宮脇	○○番○	田	1,234	賃貸借	畑	H23 4月1日	H26 3月31日	○○円	毎年12月直接支払						

使用貸借（貸賃なし）又は賃貸借（貸賃あり）

貸借の内容（田又は畑）

3年間

賃貸借の場合その貸賃及び支払方法

この計画に同意する。		
利用権の設定を受ける者（借り人）	(住　所) 都留市上谷一丁目○番△号（借り人）	(氏　名) 都留　太郎（借り人） 実印
利用権を設定する者（貸し人）	(住　所) 都留市田原三丁目○○番地（貸し人）	(氏　名) 都留　次郎（貸し人） 実印
利用権を設定する者以外の者で利用権を設定する土地につき所有権その他の使用収益権を有する者	(住　所)	(氏　名) 実印

2 共通事項

この農用地利用集積計画の定めるところにより設定される利用権は、1の各筆明細に定めるもののほか、次に定めるところによる。

(1) 借賃の支払猶予

利用権を設定する者（以下「甲」という。）は、利用権の設定を受ける者（以下「乙」という。）が災害その他やむを得ない事由のため、借賃の支払期限までに借賃の支払をすることができない場合には、相当と認められる期日までにその支払を猶予する。

(2) 解約に当たっての相手方の同意

甲及び乙は、1の各筆明細に定める利用権の存続期間の中途において解約しようとする場合は、相手方の同意を得るものとする。

(3) 転貸又は譲渡

乙はあらかじめ市町村に協議した上、甲の承諾を得なければ利用権の目的物（以下「目的物」という。）を転貸し、又は利用権を譲渡してはならない。

(4) 修繕及び改良

ア 甲は、乙の責めに帰すべき事由によらないで生じた目的物の損耗について、自らの費用と責任において修繕する。ただし、緊急を要するときその他甲において修繕することができない場合で甲の同意があったときは、乙が修繕することができる。この場合において乙が修繕の費用を支出したときは、甲に対してその償還を請求することができる。

イ 乙は、甲の同意を得て目的物の改良を行うことができる。ただし、その改良が軽微である場合には甲の同意を要しない。

(5) 租税公課の負担

ア 甲は、目的物に対する固定資産税その他の租税を負担する。

イ 乙は、目的物に係る農業災害補償法（昭和22年法律第185号）に基づく共済掛金及び賦課金を負担する。

ウ 目的物に係る土地改良区の賦課金については、甲及び乙が別途協議するところにより負担する。

(6) 目的物の返還

ア 利用権の存続期間が満了したときは、乙は、その満了の日から30日以内に、甲に対して目的物を原状に回復して返還する。ただし、災害その他の不可抗力、修繕又は改良行為による形質の変更又は目的物の通常の利用によって生ずる形質の変更については、乙は、原状回復の義務を負わない。

イ 乙は、目的物の改良のために支出した有益費については、その返還時に増価額が現存している場合に限り、甲の選択に従い、その支出した額又は増価額（土地改良法（昭和24年法律第195号）に基づく土地改良事業により支出した有益費については、増価額）の償還を請求することができる。

ウ イにより有益費の償還請求があった場合において甲及び乙の間で有益費の額について協議が調わないときは、甲及び乙双方の申出に基づき市町村が認定した額を、その費やした金額又は増価額とする。

エ 乙は、イによる場合その他法令による権利の行使である場合を除き、目的物の返還に際し、名目のいかんを問わず返還の代償を請求してはならない。

オ 甲は、乙が目的物たる農地を適正に利用していないと認められるときにはこの利用権設定を取り消すものとする。

(7) 利用権に関する事項の変更の禁止

甲及び乙は、この農用地利用集積計画に定めるところにより設定される利用権に関する事項は変更しないものとする。ただし、甲、乙、及び市町村が協議の上、真にやむを得ないと認められる場合は、この限りでない。

(8) 利用権取得者の責務

乙は、この農用地利用集積計画の定めるところに従い、目的物を効率的かつ適正に利用しなければならない。

(9) その他

この農用地利用集積計画の定めのない事項及び農用地利用集積計画に関し疑義が生じたときは、甲、乙及び市町村が協議して定める。

3 利用権の設定等を受ける者の農業経営の状況等（農業生産法人以外）

整理番号		氏名又は名称	都 留 太 郎（借り人）	性別	○	年齢	○○	農作業従事日数	100 日

利用権の設定等を受ける土地の面積（A）（㎡）		利用権の設定等を受ける者が耕作又は養畜の事業に供している農用地の面積（B）（㎡）		利用権の設定等を受ける者の主たる経営作目（C）	利用権の設定等を受ける者の世帯員（構成員）の農作業従事及び雇用労働力の状況（D）					利用権の設定等を受ける者の主な家畜の飼養の状況（E）		利用権の設定等を受ける者の主な農機具の所有の状況（F）	
					世帯員		農業従事者（うち15歳以上60歳未満の者）		雇用労働力（年間延日数）	種類	数量	種類	数量
農地	1,234	農地	4,321	・ばれいしょ ・もろこし ・トマト ・きゅうり ・はくさい ・○○○ ・△△△ （具体的に）	男	2人	農業専従者	2人（1人）	人 日			管理機	1
採草放牧地		採草放牧地			女	2人	農業補助者 主として農業に従事する者	人（人）					
その他							農業補助者 従として農業に従事する者	2人（2人）					

利用権設定書の例（山梨県都留市）

自治体の農政課に行けば、標準小作料という地域ごとの農地の賃貸料相場のようなものがあるから、これを参考にして、地主と相談し賃貸料を決めればよい。だいたい10アール当たり1年間で5000円から2万円ぐらいの幅だろう。地域の相場を把握しておかないと、相場の数倍の料金で契約してしまうケースもあり、注意が必要だ。

利用権設定の書類を記入し、自治体の農業委員会に提出したら、月に1度、農業委員会の会議が開かれて、書類審査を受ける。そこで、問題がなければ、無事、農地契約となる。企業やNPO法人などの法人が農地を借りる場合も、ほぼ同様の手続きで進む。ただし、法人契約の場合は、法人の中に農業に従事する人が一人以上いるかとか、法人の定款に農業に関する記載があるかなどを確認される点が異なる。

次に、農地を購入取得する場合を見よう。農地を購入取得できるのは、農業者か農業生産法人でなければならない。だから、農地を購入取得する場合は、個人であれば農業者の資格要件、法人であれば農業生産法人の資格要件を取得する必要がある。農業者の資格要件は農地を借りる際のプロセスとほぼ同様だが、農業生産法人の資格要件の取得には、組織の構成員の過半数が農業従事者でなくてはならないという基準がある。また、農地を購入取得する際の下限面積も自治体ごとに設定しているから、確認する必要がある。

農地調達の手続きについて書いたが、農地を実際に調達するためには、農地を見つけてこなくてはならない。どこの地域でも、先祖代々守ってきた農地を赤の他人に貸したがらないという傾向がある。まったく使っていない耕作放棄地でも同じである。こうした傾向は高齢の方に多い。

それには理由がある。一昔前、農地契約の際に、借り手である小作人の権利が強い時代があった。農地契約が終了し更新時期を迎えたとき、小作人が継続して借りたいと地主に申し出た場合は、地主は拒否できないというルールがあった。地主の中には、この時の苦い経験や印象を覚えている人がいて、農地を貸したら返ってこないと思い込んでいる。ちなみに現在はこのルールが改正され、地主と小作人は同等の権利になっているから、こうした問題は発生しない。

こうした農地をめぐる背景を知ったうえで、農地を探してみよう。日本では耕作放棄地が、年々増加している。今や、日本全体の耕作放棄地の面積は40万ヘクタール、東京都2個分である。しかし、先ほど説明したような理由で、農地はなお調達しにくい。こんな状況で農地をなるべく容易に調達するにはどうすればいいのか。

私は、17年前、東京から山梨に移住した際、このことを考えた。その結果、耕作放棄率が日本で2番目に高い山梨県を移住候補にした。耕作放棄率が高い地域のほうが、農地を借りやすい。なぜなら、耕作放棄率は、過疎高齢化と比例しており、高齢化が進んで、農地の管

大阪府	9,809	798	10,608	7.5	24
三重県	47,504	3,814	51,318	7.4	25
和歌山県	26,469	2.022	28,491	7.1	26
岐阜県	42,272	3,122	45,394	6.9	27
鹿児島県	82,915	6,101	89,016	6.9	28
熊本県	86,066	6,313	92,379	6.8	29
青森県	109,801	7,981	117,782	6.8	30
岩手県	117,351	8,308	125,658	6.6	31
東京都	6,300	439	6,739	6.5	32
京都府	23,925	1,612	25,537	6.3	33
佐賀県	48,118	2,940	51,058	5.8	34
宮崎県	51,709	2,969	54,678	5.4	35
福岡県	72,342	4,119	76,461	5.4	36
宮城県	112,179	6,130	118,308	5.2	37
兵庫県	59,830	2,964	62,794	4.7	38
栃木県	107,957	5,219	113,177	4.6	39
沖縄県	26,517	1,274	27,790	4.6	40
山形県	105,688	4,314	110,002	3.9	41
新潟県	146,907	5,847	152,754	3.8	42
秋田県	127,287	4,597	131,885	3.5	43
福井県	33,365	925	34,290	2.7	44
富山県	44,693	1,086	45,779	2.4	45
滋賀県	44,180	1,073	45,253	2.4	46
北海道	967,516	9,551	977,067	1.0	47
全国計	**3,608,428**	**223,372**	**3,831,800**	5.8	

出所：農林水産省

都道府県別耕作放棄地の状況（2005年農林業センサス：総農家）　（単位：ha、%）

都道府県名	経営耕地面積	耕作放棄地面積	計	全耕地面積に占める耕作放棄地の割合	耕作放棄率全国順位
長崎県	35,002	6,442	41,444	15.5	1
山梨県	18,931	3,252	22,183	14.7	2
群馬県	52,263	7,670	59,933	12.8	3
広島県	41,916	5,754	47,670	12.1	4
長野県	80,792	11,065	91,857	12.0	5
福島県	123,917	16,141	140,058	11.5	6
愛媛県	40,623	5,254	45,877	11.5	7
奈良県	156,58	1,974	17,632	11.2	8
島根県	29,310	3,618	32,928	11.0	9
静岡県	52,288	6,161	58,449	10.5	10
岡山県	51,733	5,834	57,567	10.1	11
大分県	41,591	4,528	46,120	9.8	12
徳島県	23,362	2,509	25,872	9.7	13
山口県	36,150	3,853	40,003	9.6	14
高知県	20,481	2,154	22,635	9.5	15
茨城県	128,285	13,370	141,655	9.4	16
神奈川県	15,329	1,597	16,927	9.4	17
千葉県	93,180	9,592	102,771	9.3	18
香川県	26,307	2,681	28,988	9.2	19
埼玉県	62,364	6,138	68,502	9.0	20
石川県	32,873	3,131	36,005	8.7	21
愛知県	58,205	4,892	63,097	7.8	22
鳥取県	27,169	2,245	29,414	7.6	23

理ができない地域は農地を借りやすいからである。農林水産省が実施している農林業センサスにある都道府県別の耕作放棄地のデータ（２００５年）を見ると、耕作放棄地比率の高い上位5県は長崎、山梨、群馬、広島、長野となっている。耕作放棄率の高い都道府県のほうが農地を借りやすいが、市町村ごとに状況は異なるから、この点も注意しよう。

森林を調達する

次に森林である。森林資源を調達する方法は3種類ある。第1に、単純に森林を購入する方法である。森林は農地と違って農地法の規制がないから、一般の不動産と同様に地主と相対で購入できる。

第2に、林業者として山を買う方法である。土地を買うのではなく、山に生えている木などの資産を購入する方法である。もし、あなたが土地はいらないが、その上物である森林の資源を購入したいというのであれば、この方法を選択すればよい。

私が林業を行っていた際、この買い方で里山の森林を買った。ナラ・クヌギなどの広葉樹の森林である。昔からの相場は1ヘクタール20万円ほどであったが、極端な話、長い間管理できていない森林で、しかも地主は地元の人でなく、例えば東京在住の人だったような場合は、荒れ放題の森林を管理してもらえるだけありがたいということで、ただで入手するケースもあった。

3番目は、購入するのではなく利用させてもらう方法である。もしあなたが、森林体験のフィールドとして森林を利用したいと考えたとしよう。最近では、環境NPOなどがこうした森の活用法を模索しているところが多い。農村には、個人所有の民有林以外に共有林という森林がある。地域が共有財産として持っている森林である。この共有林も以前はさまざまな目的で使われていたが、今はほとんど活用されていない。この共有地を森林体験のフィールドとして借りる手がある。

さらに学校林というのがある。これもほとんど活用されていなかったり、維持管理に困っているケースが多い。こうした学校林を教育、体験目的で、無料または安価で借りることが考えられよう。

空き家の活用

農村で起業する際の利点として、安価で事務所や住居を入手しやすいということがある。ただし、農地と違って空き家利用の法的な縛りはないが、農村部の空き家を借りるのは意外に難しい。それは3つの理由による。第1に、これまで農村部ではよそ者に空き家を貸す経験があまりなかったこと。第2に、空き家を貸す際のルールが明確でないこと。第3に、空き家とはいっても、その家には先祖代々の仏壇があり、1年に何回か、親族がお墓参りに来て、この家を訪ねることがあるからである。こうした3つの理由によって、外から地域に入った人が、すぐに空き家を借りるのはなかなか困難なのである。

しかし、そうした中でも成功例はあり、私もいくつか見てきた。成功のポイントは地域との信頼関係を築くことだ。地域との信頼関係ができてくると、「たくさん空いているんだから、あいつに貸してやろう」というムードが高まり、いつしか空き家を次々と借りられるようになる。実際、われわれのNPOでも現在4軒の空き家を借りている。

次に空き家を借りるまでのステップを説明しよう。

まず、農村発起業を行うフィールドを決めたならば、その地域や周辺の公営住宅やアパートなどを借りて、住むことを勧める。家賃の相場は、公営住宅であれば、月1万~3万円。アパートだと3万~5万円程度だ。そこでまず小さな形の農村起業を始めてみる。すると、徐々に地域の知り合いができ、信頼関係が生まれてくる。そしていつしか空き家が借りられる状況になる。

一方、過疎化が進んで空き家が非常に多くなっている農村地域では、空き家対策事業を始める自治体が出てきている。それは空き家バンク制度であったり、地域の廃校によって使われなくなった教員住宅などの施設を一般住宅に変更し、一般から利用者を募る制度であったりする。こんな制度がある地域であれば、直接アクセスして空き家を調達できる。インターネット上で空き家バンク、あるいは移住者募集で検索すれば、見つかるはずだ。

さらに民間事業者でも農村の空き家を販売しているところがある。「ふるさと情報館」というサイトを検索してみるとよい。そこには日本全国の空き家の情報が掲載されている。

施設・設備・機械を調達する

農村活性化のために行政機関が設備投資を行い、食品加工所などの施設を建設したり、大型農業機械の購入などを補助しているケースがある。ところが、過疎高齢化で地域の担い手が減少し、こうした施設・設備機械が活用されず、稼働率が低くなっていることが多い。

また、少子高齢化が著しい農村地域では、学校の廃校が進んで、学校施設が使われなくなっている。こうした施設を有効活用することも視野に入れるとよい。

もっとも、こうした施設・設備機械を譲り受けようとしても、個人では難しいかもしれない。その理由はこれらの施設や設備機械は、地域の活性化という公益の目的で、自治体が補助したものだからだ。だから、これらを有効活用するには、公の器としての受け皿が必要になってくる。公の器としての組織とは、ＮＰＯ法人、農事組合法人、社団法人などである（法人格の説明は、次項を参照）。こうした器を使って、稼働率の低い施設・設備機械を活用する仕組みを作ればよいだろう。また近頃は、各自治体が稼働率の低い施設などの指定管理者募集を行い、利用を促す動きもあるから、自治体のホームページを注意深くチェックしよう。

法人格の選び方

農村起業を行う過程においては、何らかの法人格を得ることも念頭に置いておくべきだろう。もっとも、農村起業の最初の段階から法人格を得る必要はない。法人格なしの事業も税務署に営業届を提出して始められるからである。

ここでは、できるだけ簡単に、農村起業の法人格の選び方を説明しよう。法人設立に関する書籍は数多く出ており、具体的なプロセスが詳しく書かれているから、そちらを参照してもらえばよい。一方で、数ある法人格の中でどの法人格を選んだらいいかという単純な視点からの解説が少ないように思う。

「こんな起業をしたいんだけど、どの法人格がいいですか」といった質問をもらうことが多い。農村起業における法人格の選び方は、おそらく本に載っていない。いったん法人格を選んだならば、あとは実務書などを参考にして、法人設立を行うとよい。私は現在、NPO法人、株式会社、社団法人、合同会社（LLC）といった法人の代表や、役員に就いているので、その経験も踏まえて紹介しよう。

農村活性化を目的に、広くネットワークを拡大させたいという思いがある場合には、NPO法人がよいだろう。また、前項で説明したが、農村部にある遊休の公的施設を活用したいと考えている場合も、NPO法人は有効だ。

NPO法人の最大の利点は、ネットワークを幅広く構築できる点だと思う。NPO法人以外の法人格で、行政・企業・大学・NPO・商工会・地域住民などとゆるやかなネットワークを容易に作ることができる法人格があるだろうか。

私は、NPO法人格は同好会的な雰囲気の、敷居の低さが〝売り〟であり、ゆるやかなネットワークづくりにもっとも適していると思う。私が「えがおつなげて」を設立する際、NPO法人を選んだ理由もこの点にあった。「なぜNPO法人にしたのですか」という質問をよく受けるのだが、私たちのNPOが活動する農村地域は、限界集落であり、人的資源が圧倒的に不足していた。地域の活性化を行うためには、地域内外の人・組織等とのネットワークづくりが不可欠だった。だからネットワークを作りやすいNPO法人を選んだのである。ただし、この同好会的な雰囲気のネットワークが、事業成長における次のステップの課題になることもあるから、注意しよう。

そして、NPO法人と同じように、農村活性化など公益目的で活動を行うが、その事業に対し、広く出資を求めることが想定される場合は、社団法人がよい。さらにそのような事業プラスアルファ、例えば、農村にある遊休の大型施設や不動産の財産管理が発生してくるような場合においては、財団法人を視野に入れるとよいだろう。

農業の6次産業化を想定している場合は、農業法人が有効だ。農業法人には2つの種類がある。農業生産法人と農事組合法人である。農業生産法人は商法上の法人格で、農事組合法人は農協法における法人格である。営利を追求した6次産業化事業を起こしていこうという場合は農業生産法人で、地域で共同して6次産業を目指そうという場合は、農事組合法人を選択するとよいだろう。

さらに、営利事業の強い場合は、株式会社などの営利法人を選択するといい。また、近年の会社法改正で、合同会社（LLC）、有限責任事業組合（LLP）という仕組みができた。これらの違いを説明しよう。

株式会社は本来IPO（新規株式公開）が可能な法人であるが、農村起業分野においては、IPOはほとんど想定外かもしれない（もちろん、目指すことはすばらしいが）。だから農村起業で株式会社を選ぶ理由は、信用度をアピールするか、また一般からの出資を集めることを想定した場合が多い。

LLCは、家族や仲間を中心として農村起業をする場合に選択することが多い。LLPは、大学機関の研究開発事業と共同しての農村起業、あるいは、異業種が連携して、お互いの強みを生かした共同事業としての農村起業など、共同プロジェクトに向いている。

LLPの特徴としては、法人ではないから法人税が課税されず、出資者の利益に課税されることだ。また、LLC、LLPともに、内部自治原則というのがあって、組織内部のルールを話し合いによって自分たちで決めることができる。

現在、株式会社の場合、利益配分、議決権などは株式の持分割合で定められているが、LLC、LLPは、損益や議決権などの配分を自分たちで定めることができる。

一通り、農村起業で想定される法人格について説明した。これら法人格のさまざまな特徴を見極めながら、あなたの農村起業の目的や特徴を、再度検討してみるといい。補足すると、農業生産法人の説明を先に行ったが、実際に法人を設立することとなった場合、選択する法人格は、株式会社か、合同会社か、有限責任事業組合となる。

コラム

農村資源は闇の中

ここまで繰り返し、日本の農村には地域資源が膨大にあると述べてきた。中でも日本の耕作放棄地は約40万ヘクタール、東京都2個分の面積に達していると書いてきた。しかし、私はこの数字はいささか疑わしいと思う。まず、この数字の出所だが、農林水産省は5年に1度、農林業センサスという統計調査を行う。調査票が農家に配布され、農家は調査票に記入し役場に提出する。この調査票には耕作放棄地を尋ねる質問がある。この調査結果をまとめた全国の耕作放棄面積は約22万ヘクタール（2005年、92頁参照）。さらにこの22万ヘクタールに農林水産省による推計を加えた数字が約40万ヘクタールなのである。

ここでいう耕作放棄地の定義は、過去1年間作付けをせず、今後数年間は作付けの意思がない農地である。この定義だと、広い畑のごく一部に自給用の野菜を栽培し、それ以外の空き農地部分は草が生えないように定期的にトラクターで耕したりしている農地は、耕作放棄地に含まない。さらに、10年以上農作物を作らず、荒れはてて、山林・原野化している農地もこの定義には入っていない。

さらに、減反農地がある。日本人のコメの消費量が減ってコメ余りとなった結果、日本の水田面積の約3分の1に当たる約100万ヘクタール（東京都面積約5個分）で減反が行われてきた。減反政策とは、コメの生産を抑制するため、米作農家に作付面積の削減を求める政策だ。減反に参加した農家は補助金をもらえる。

減反した水田に、大豆や麦といった政府の推奨作物を栽培すると、補助金が上乗せされる。だから、農家は減反に協力し、大豆や麦を積極的に栽培する。しかし、栽培されたそれらの作物がすべて活用されているかどうかは、はなはだ疑問である。減反政策につきあって、大豆や麦などを少々作って販売しても、たいした収入にならない。10アール当たり数万円、1ヘクタール栽培しても数十万円程度なのである。

だから、約40万ヘクタールの耕作放棄地以外にも、表に現れない闇の耕作放棄地がかなりあるのではないかと思っている。

森林資源についての闇もある。10年以上前、私が林業をやっていた頃、自ら山の買い付けを行ったが、そのときしばしば驚いたことがあった。それは、山の持ち主が地域内にいないことだった。私の記憶では、4分の1ぐらいが地域外の所有者だった。しかも、その地域外の所有者は自分の所有する山林を見たことすらないケースもあった。背景を調べてみたところ、高度経済成長期、都市部の資産家たちが、投機用不動産として、山林を見ることもなく安価に購入していたのである。その山林は今や荒れ放題となっている。

当然のことながら、所有権が地元にないから、誰も手を出せない。今となっては、おそらく山林の境界を探すことも難しいだろう。農村の資源は宝の山である一方、課題も山積みなのである。

第4章

「一石二鳥、一挙両得」の鉄則
——農村起業の成長期

1　効果的なイベントの仕掛け方

イベント貧乏に気をつけよう

「楽しくて小さなモデル」ができ、「アピールをし続けていく」と、徐々に「拾う神」が出てきて、なんとなく事業が動いていく。事業のエンジンにスイッチが入るのである。そして「立っているもの」を上手に活用していくと、事業組織の形が少しずつできてくる。そこまで来れば、いよいよ、あなたの農村起業は成長期を迎える準備ができたのである。この段階における重要な鉄則が、「一石二鳥、一挙両得」の鉄則である。

この時期、順当に農村起業が育ってくると、事業を開始した当時とは趣が違ってくる。すでに地域ではあなたの存在は知られつつある。あなたの農村起業が、地域の新聞、雑誌、テレビなどのマスメディアに登場する機会も増えるかもしれない。そんな時期は、社会や顧客に対するアピールの一環として、さまざまなイベントを企画、運営するようになる。商品のPRイベントに始まり、あなたの農村起業の主旨を伝えるためのフォーラム、シンポジウムなどの開催が相次ぐ。

イベントの開催自体はよいことと思うが、この時期のイベントの仕掛け方には注意すべきである。苦労して事前準備を重ね、大勢の人が集まり、イベントは大成功になる。しかし、イベントの収支は大赤字、すなわちイベント貧乏という事態である。また大赤字にならずとも、イベントを惰性で行うようになり、手段であるはずのイベントが目的化して、自分たちが何をしているのか、わからなくなっていくことがままある。

こうした状態になると組織は疲弊してくる。イベント貧乏症候群である。イベントを重ねていくにつれ、メンバーは疲れてくる。何のためにやっているのか、よくわからない。こうなってしまうと、農村起業はうまく成長期を迎えられない。

カギはサプライチェーンの仕組みづくり

では、どうすればいいのか。農村起業をこの時期成長させるカギは、仕組みづくりにある。

では、この仕組みづくりとは何か。この時期の農村起業に必要な仕組みづくりは、サプライチェーンづくりである。サプライチェーンとは、ある製品の原材料が生産されて、加工、流通、販売などを経て、最終消費者に届くまでのプロセスをいう。東日本大震災の後、よく報道で、サプライチェーンの寸断によって部品が届かず、製品を作れないなどと伝えられた。

サプライチェーンがつながらないことが、いかに恐ろしいかは、この時、身に染みてわかったはずだ。

では、農村起業のサプライチェーンとは何か。農村起業のサプライチェーンは、例えば6次産業化分野で言えば、農産物を栽培し、食品加工、流通、小売店などを経て、最終消費者に届くまでのプロセスである。農村の観光交流分野のサプライチェーンならば、ある農村地域の農地、森林、観光資源、人資源などを組み合わせて農村ツーリズム商品を開発し、その商品を旅行代理店や各種チャネルを通じて最終消費者に販売し、農村ツーリズムが実施されるまでのプロセスとなる。

森林資源を建築・不動産に活用する分野のサプライチェーンならば、林業の現場で木材を伐採し、製材所、集成材工場などで加工し、木材問屋などを通じ建築会社に配送、一般住宅として建設された後、最終消費者に届くまでのプロセスである。こうしたサプライチェーンが確実に作られていくことが、この時期の農村起業にとって大変重要になる。サプライチェーンづくりこそが、この時期に必要な仕組みづくりである。

東日本大震災後で経験したように、もしサプライチェーンが途切れたら、商品が最終消費者に届かない。すなわち事業は完結しない。これは当たり前のことだが、私自身、農村で事業を行ってきて、これが当たり前の感覚ではないなと感じたことがあった。

前著『日本の田舎は宝の山』で紹介したが、私たちは三菱地所グループと連携して、耕作放棄地になっていた棚田を開墾して農地を復活させ、そこで酒米の生産を開始した。その酒米を使って「純米酒丸の内」という日本酒を開発、山梨の酒蔵で醸造してもらった。この日本酒は東京・丸の内にある酒販店、飲食店などで取り扱ってもらい、最終消費者に販売した。

同様に、三菱地所グループと山梨県内の林業者などが連携し、山梨県でとれるカラマツの間伐材を、２×４住宅の製品部材向けに加工するため、千葉県の特殊な集成材工場において製品化した。さらにその部材を使って三菱地所ホームの２×４住宅が建てられ、最終消費者に届くことになった。

こんな形で、未活用だった農村資源の新たなサプライチェーンを作る取り組みを行ってきたが、その過程においてサプライチェーンのつながりを意識している人がいかに少ないかを実感した。

誰もサプライチェーンを見ていない

山梨県内において、毎年間伐材が大量に発生し、その多くが未活用のまま放置されている状況をすでに知っていたので、私はその有効活用、すなわち新たなサプライチェーンづくりを、林業者などを中心に提案した。しかし、用途がない、コストが合わないなどの理由で一蹴された。一方、私は最終的に2×4住宅の製品を開発することになった集成材工場に行き、工場長にその工場のラインを案内してもらったうえで、山梨県の間伐材活用の可能性について意見交換した。

その結論は、用途、コストともに可能性があるとのことだった。その時、私自身「これはいける！」と思った。と同時に、「そもそもサプライチェーンという視点があまりないんだな」「であれば、逆に農村資源の新しいサプライチェーン開発の可能性はかなりあるかもしれない」「もしそれができれば、農村資源活用は相当進むだろう」と直感した。

耕作放棄地の時も同様だった。使われていなかった耕作放棄地も、いったんサプライチェーンの輪ができれば、そのつながりの中で活用されていく。その意味では、耕作放棄地の問題は、サプライチェーンの問題ともいえる。こんな経験から、農村資源活用においてはそもそも、サプライチェーンの視点や考え方が欠如している点が問題だと感じた。

成長期の準備段階にあるあなたの農村起業に必要なことは、しっかりとしたサプライチェーンでつながる仕組みを作ることなのだ。すなわち、あなたが作った商品・サービスが、最終消費者までつながる仕組みを作ることが重要なのである。

だから、成長期に行うイベントは、サプライチェーンの仕組みづくりの戦略に位置づけて実行することが大切である。逆に、サプライチェーンの仕組みづくりに貢献しないようなイベント開催は要注意である。

2　イベントをサプライチェーンづくりに活かす

まずサプライチェーンの弱点を探す

サプライチェーンの仕組みづくりの効果的な方法について、イベント活用の視点から紹介しよう。サプライチェーンとは、川上の資源から、川中の製造などを経て、川下の販売、消費に至るプロセスのことだが、言い換えれば、川上から川下に至る流れの中の、人や組織同士のつながりのことである。だから、サプライチェーンづくりとは、商品やサービスに関わる川上から川下に至る人や組織をつなげることである。

一方、イベントにはある種お祭りの要素がある。お祭りには人や組織が集まりやすい。この人や組織を集めやすいという特徴を活かしてこの時期のイベントをデザインしてみよう。

まず、イベントの具体的な作り方である。あなたの農村起業のサプライチェーンが今、どうなっているかを見てみよう。川上の資源から加工、流通、販売、消費に至る流れを書き出してみるのである。

どこかのサプライチェーンが弱かったり、チェーンがつながっていないところはないだろうか。もしあったら、それはサプライチェーン上の弱点であり、補うべき点である。そこで、サプライチェーンの弱点を補い、強化することを目的としたイベントを考えてみよう。

ところで、イベントにはいくつかのタイプがある。自ら実施する主催型イベント。他人が主催するイベントに出展するイベント。シンポジウム、フォーラムのような何らかの普及啓発活動を大掛かりに行うイベント。新製品発表会、展示会、見本市、商談会、物産展、プレス発表会といった商品PR型のイベント。セミナー、研修会といった勉強会のイベント。ワークショップ、ワールドカフェといった話し合い型のイベント。現地視察、フィールドワークといった体験型のイベント。式典、儀式のようなセレモニーイベント。フェスティバル、コンサート、カーニバルといったアトラクション型のイベントなどさまざまである。

あなたのサプライチェーン上の弱点を、こうしたさまざまなイベントと組み合わせ、何ができるか考えてみるのである。

ワークショップで人や組織のつながりが出来上がる

ここで、私が今まで実践してきた中で、有効だったイベントを紹介しよう。我々が活動してきた地域は限界集落で、耕作放棄地が60％以上もある。だから、川上の資源は豊富にある。

しかし、川下とのつながりがとても弱かった。そこで、川下の企業や個人に参加してもらうワークショップを考え、実施した。

ワークショップとは話し合い型イベントの1つである。ワークショップで話し合ったテーマは、「限界集落にある耕作放棄地を活用した商品開発」であった。いうなれば、「耕作放棄地活用ワークショップ」である。

ワークショップの開催にあたっては、食品関連企業、農業者、県や市町村の農政担当者などに呼びかけ、参加を募った。このワークショップがきっかけとなり、今では、数多くの企業や行政、関係者との連携によって、耕作放棄地の活用が行われるようになった。すなわち、耕作放棄地資源の活用を目的とした新しいサプライチェーンが立ち上がったのである。

同様に、間伐材を使った製品開発ワークショップも、林業者、建築関連企業、行政の林務担当者とともに行った。このイベントによって、先に紹介した木材製品が開発され、間伐材の新たなサプライチェーンが出来上がった。

さらに近頃、私自身おもしろがってやっているのが、コラボイベントである。これは、異なる団体がコラボレーションすることによって、サプライチェーン上の弱点をお互いに補い合ったり、新しい価値が生まれるのを期待して、組織が連携して行うイベントである。イベントの種類によってコラボワークショップ、コラボセミナー、コラボセレモニーなどがある。

よんぱち同盟のコラボワークショップ

実際、「えがおつなげて」では、前述した高知県の四万十ドラマと連携して、「よんぱち同盟」なるコラボイベントを行っている。「よんぱち同盟」とは、四万十の「四」と、山梨にある八ヶ岳の「八」を組み合わせて作った名前である。四万十地域と八ヶ岳地域が共同して事業を進めようというのがその主旨である。八ヶ岳という高冷地と、四万十という温暖な地域では、獲れる産品に大きな差がある。それぞれ特徴ある地域資源を物々交換しながら、共同で商品開発を進めようという狙いである。

また、商品開発を進めていく際に、誰でも参加できるオープンな形のワークショップイベントを共同で行っている。

これがコラボワークショップである。このワークショップによって、お互いの地域にある産物を使った新たな商品開発を進めている。そして、それぞれが強みを持つサプライチェーン上で、商品を販売することになる。

このように、サプライチェーン上の課題と、イベントの種類をさまざまな組み合わせによって考えてみる。今まで思いもよらなかったアイデアが出てくるだろう。考えるだけでもその可能性に気づき、ワクワクしてくるに違いない。

イベントの後サプライチェーンの仕組みを残せるか

イベントが効果的に実施されたとすれば、イベント後の達成感とともにサプライチェーンの仕組みが残るはずである。サプライチェーンの仕組みがうまく残ったなら、イベントは成功だ。これが「一石二鳥、一挙両得」の鉄則だ。

反対にイベントの後、イベントをやったという達成感は残ったが、サプライチェーンの仕組みが残らなかったとする。これは普通のイベントにすぎない。こうしたイベントを繰り返せば、イベント貧乏症候群となってしまう。疲労感が溜まってくるし、サプライチェーンの仕組みも残らない。これは、最も避けなくてはならない事態である。私はこれを「砂上の楼閣イベント」と呼んでいる。

サプライチェーンの仕組みづくりに成功すると、あなたの農村起業は成長するだろうし、安定してくるはずだ。逆に、これができないとその後の飛躍的な成長は難しい。そうなると、あなたがせっかく開発した「楽しくて小さなモデル」も尻つぼみ状態になってしまうかもしれない。

3　B to C チャネルとB to Bチャネルを区別しよう

個人と企業の違い

農村起業かどうかを問わず、事業のモデルにはB to BとB to Cがある。B to Bとはビジネス to ビジネス、B to Cとはビジネス to コンシューマーである。この考え方は農村起業分野においても極めて重要だ。また、サプライチェーンを強化するうえでも大切な考え方である。ポイントを確認しよう。

B to Bは企業を顧客にするビジネスモデルである。一方、B to Cは個人を顧客にするビジネスモデルである。

例えば、ブドウという農村資源がある。あなたが作ったブドウを農産物直売所で個人向けに販売する場合はB to Cモデルである。一方、あなたが作ったブドウをワイナリー（ワイン製造会社）に販売するときにはB to Bモデルになる。どちらもブドウという同じ農産物を取り扱う事業だが、大きな違いがある。両者の違いを明確に意識することが重要である。個人と企業に対するアプローチはまったく異なる。個人と企業とでは購買のプロセスが異なるから、訴求ポイントもまったく別になる。

ここである商談風景を考えてみよう。ブドウ農家とワイナリーの商談である。

あるブドウ農家がワイナリーのバイヤーに、「うちのブドウは、真心を込めて丁寧に作っているから、とてもおいしいですよ」とサンプルを手渡す。

するとバイヤーは「ブドウの特徴について教えてください」と尋ねる。

農家は「食べてもらえばわかるけど、とにかくおいしいんです」。

バイヤーは「数量と価格について教えてください」。

農家は「その年の気候によって変わるので、あまり正確なことは言えませんが、３トンぐらいです。市場への出荷もあるし、その兼ね合いで毎年変わります。値段は買い取ってもらう量によって異なります」。

結局、この商談はなんとなく噛み合わず、おしまいとなった。では、どうして両者は噛み合わなかったのだろうか。

購入動機を見極めよう

ブドウを一般の農産物直売所で販売すれば消費財として売られ、ワイナリーに販売すれば生産財として売られる。消費財とは、消費者が直接食べたり、使ったりするために購入する商品である。一方、生産財は、他の商品を生産するために、あるいは仕入れた商品をもとに自社商品として付加価値をつけ、再度販売するために、営業用として購入する商品である。

先の例のブドウ農家とワイナリーの事例は、生産財としてのブドウの商談風景であった。

消費者であるあなたが、ブドウを農産物直売所で購入するとき、どういう基準で買うだろうか。試食しておいしいとか、家族が好きだからとか、持ち帰りやすいなどであろう。そして最終的には懐具合と相談して、購入を決めるだろう。それは多分に感覚的な、個人的な満足を満たすためになされる。一方で企業は生産財としてのブドウをどのような基準で購入するのだろうか。答えはずばり、それを購入することによって、利益を上げられるかどうかである。利益を上げるためには、売り上げを増やすか、経費を減らすかのいずれかである。企業はこのいずれかに合致した場合なら、購入を決定する。

先の商談風景がなぜ噛み合わなかったかが、ここで明確になったと思う。バイヤーは、生産財としてのブドウの説明を知りたがっているのに対し、農家は消費財としてのブドウのアピールをしていたからである。

では、もう少し突っこんで消費財と生産財の購入要因を説明しよう。

個人が消費財を買うときの４つの要素

あなたの農村起業で取り扱っている、あるいはこれから取り扱おうとしている農村商品を具体的に思い浮かべて読んでほしい。

まず、消費財から始めよう。再度確認だが、消費財は個人的満足を基本に購入が決まる。消費財の購入は、その時々の流行の影響を受けやすい。例えば、健康ブームの中でトマトが身体にいいという話題が流行ると、トマトの売れ行きが一気に上がる。２０１１年、そんなブームがあったので覚えている人も多いだろう。だから、消費財を販売する場合は、そうした流行に関する情報チェックは欠かせない。しかし、流行だけで購入がすべて決まるわけではない。消費財の購入には家族の合意が必要な商品もある。例えば、マイホームや自動車といった高価な消費財である。購入者の年齢や嗜好、懐具合といった個人的要因が影響するのは当然である。さらに重要なのはその時の気分や感情といった要素である。

だから、あなたが農村起業商品を消費財として販売するには、①今の流行は何か、②家族の同意が得られるものか、③顧客として想定している個人層の好みや懐具合と合致しているか、④気分や感情を盛り上げることができるか、この４つの視点から、あなたの商品をチェックしてみるとよい。

企業は景気動向や経営戦略・事業計画が左右する

次に、生産財である。先に書いたように、企業はそれを使用することによって、利益が上がるかどうかを判断して生産財を購入している。消費財では流行の要素が重要なのに対して、生産財は景気が大きく左右する。景気のよいときは、企業収益を上げやすくなる。悪いときには収益を上げにくい。景気によって購買活動が左右されるのは至極当たり前である。

だから、生産財を販売するにあたっては、景気動向や企業の収益状況をチェックすることが重要だ。企業は利益を最大化するために合理的な活動を行う。その一環として戦略や戦術を練り、それらを落とし込んだ事業計画を策定する。だからあなたの農村起業の主旨や方向性、品質などが経営戦略と合致しているかどうかも重要な点である。企業のホームページを見て事業計画を確認してみよう。

また、生産財の購入は、消費財と違って、個人の判断で決定されることはあまりない。組織で決定される過程においては、会議や稟議を経なければならない。だから、生産財を販売する場合は、会議や稟議に役立つ書類を準備しておくとよい。

最後に重要な点として、企業は利益を最大化するために合理的な活動をするが、そのうえでリスクを嫌う。企業があなたの事業と取引をした際に考えられるリスクをきちんと整理しておこう。そしてそのリスクを減らす工夫や問題が生じた際の対策を準備しておくべきだ。

まとめると、あなたの農村起業の商品を生産財として販売する際には、①景気、収益状況、②経営戦略、事業計画との整合性、③会議や稟議資料の準備、④リスクの把握とその対策、この４つの視点でチェックをすることが重要である。

ここまであなたの農村起業を、ＢtoＢ、ＢtoＣで組み立て、実行する際の注意点を紹介した。こうしたことを知っていれば、ＢtoＢ、ＢtoＣの戦略を立てやすいだろう。農村起業においては、こうした点はあまり意識されていないケースが多い。是非、参考にしてほしい。

コラム

何はなくとも人材育成

「一石二鳥、一挙両得」の鉄則に従って、効果的なイベントが行われると、サプライチェーンの仕組みが出来上がり、あなたの始めた農村起業は確実に成長し始めるだろう。なぜなら、あなたの作った商品がサプライチェーンに乗り、販売数が伸びてくるからである。ただ、そうなったとき、気をつけなくてはいけないことがある。一般的な経営の本にも書いてあるが、成長期における最も大きな課題は人材不足である。

あなたの農村起業の成長カーブに、組織の人材がついていけなくなるのである。だから、この時期には成長に浮かれることなく、人材の育成、とりわけマネジメント人材の育成に真剣に取り組むことが大切である。

しかも、この頃になると経営者であるあなた自身も相当忙しくなる。あなたが組織内のすべてのことを管理するのは難しい。そんなときに大切なのが組織の中核的なマネジメント人材である。あなたの右腕ともいえる人材をきちんと育成しておかなくてはならない。もし、そのような人材が育成されていれば、事業は安定して成長するだろうし、あなたの負担も軽減され、次の戦略を考える余裕も出てくる。

なにしろ、農村起業分野の歴史は浅い。だから、この業界の人材ストックはまだ少ない。加えて、農村地域は深刻な過疎化、高齢化が進んでおり、慢性的に人材不足状態である。一方、都会に暮らす多くの人々がこの農村起業分野に関心を持っているが、都市住民の弱点として、農村資源を知らなすぎるということがある。関心を持ってもらえるのは大変ありがたいが、農村起業を具体化するうえでの農村資源の知識やスキルが不足している。

こうした状況を考えてみても、農村起業が長期的に成長するカギは、人材育成と確保にある。しつこくて恐縮だが、私は農村資源活用によって10兆円規模の産業創出が可能だと思っている。農業の6次産業化で3兆円。農村での観光交流で2兆円。森林資源の建築や不動産への活用で2兆円。農村にある自然エネルギーの活用で2兆円。ソフト産業としてのIT・メディア・健康・福祉等々の産業と、農村資源と連携した形の産業で、1兆円である。

また、この5つのジャンルではとりわけ農業の6次産業化、自然エネルギーの活用が、ブレイク中である。私は、この構想を数年前から講演で話して、人々の反応を見てきたが、数年前と比較したら、隔世の感がある。

今後、もしも世界的な資源不足問題がさらにクローズアップされたり、世界的に経済不安が高まる事態ともなれば、農村起業分野へのニーズがますます拡大し、私の提唱した農村起業5分野すべてがブレイクする可能性もある。

ただ、そんなときに農村起業をマネジメントできる人材をしっかり育成、確保しておかないと、長期的な成長を約束できない。これが私の不安である。

ここで提案である。農村起業の人材プラットフォームを作ろうという提案である。この分野に関心のある人々の人材プラットフォームを作るのである。もし同じ思いや志向性を持った人々が何万人も集まれば、それだけでも社会的なインパクトがあるし、それが発展して農村起業業界のようなものが形成されるかもしれない。

私たちのNPOでも、小さいながらそんな仕掛けを作ってきたが、とても追いつかない状況がある。同じ農村起業という視点において、共感する人々、また連携して事業を行う団体等々が集まって、人材のプラットフォームを作ろうではないか。関心のある方はぜひ連絡をいただきたい。

第5章

「腐っても鯛」の鉄則
——農村起業の心構え

農村起業にかかわらず、事業を行っていると、想定外の事態に直面する。あなたと周りとの人間関係の中で、さまざまなドラマが繰り広げられる。そんなときにも、心の持ち方次第で、状況を良いほうにも悪いほうにも捉えることができる。また、心構え次第で、事態を好転させることも可能である。

本章では、農村起業家として大切な、心の持ち方や心構えについて述べてみよう。

1　農村起業は3年でめどを立てよ

石の上にも3年

「石の上にも3年」といわれるが、これは農村起業にも当てはまる。あなたが始めようとしている農村起業は、おそらく一般の目には珍しいものに見えるだろう。その珍しさから、当初、あなたは地域の人や家族に変人扱いされるかもしれない。でもそんなことは気にせずとにかく始めるべきである。このことは第1章の「まず、始めるべし」の鉄則でも触れたので、再度確認してほしい。

新しい事業を始めるときの世間の反応は、大概そんなものだ。そう割り切ったほうがいい。「はじめに」で触れたように、私も計4回、起業をした経験がある。起業時はいつも、世間のまなざしは冷ややかだった。だから、あなたも「我関せず」と世間の反応を受け流し、「変人と思われて結構」と思って、まずは始めてみる心構えが重要である。

第2章で、「楽しくて小さなモデルを作り、アピールし続けるべし」と書いたが、あなたの当初の見立てが正しければ、いずれあなたの事業を認める人が現れてくる。まさに「捨てる神あれば拾う神あり」である。すると、変人扱いのまなざしは次第に緩和してくる。世間が少しずつ認めてくれるようになる。あなたの活動は地域の新聞や業界紙、またテレビなどマスメディアに紹介されるようになるかもしれない。そうなるとおもしろいもので、世間の目はコロッと変わってくる。これにはいい意味と悪い意味がある。いい意味は、もちろん、変人扱いが緩和され、「おもしろそうなことやっているね！」「なんかいいことやっているようだね！」といった評価に変わることである。あなたが物珍しい存在から、評価される対象へと徐々に変わってくる。あなたは周囲からちやほやもされ始める。始めたばかりの頃の苦労が報われて、天にも上りそうな気分になるかもしれない。

しかし、そんな気分も、次の現象が起きてくると現実に引き戻される。あなたの活動に対する「やっかみ現象」が起きてくるのである。これが悪い意味での変化である。あなたの農村起業や活動をやっかむ人たちが現れる。農村起業のみならず、何らかの形で事業を始めたことがある人ならば、少なからぬ経験があると思う。起業の先輩の中には、この現象を「足を引っ張られるようになる」と表現する人もいる。いずれにしても、あなたが始めた「楽しくて小さなモデル」が社会に広まっていくと、徐々に「やっかみ現象」が起きてくる。

やっかみ現象は要注意

私はこの「やっかみ現象」の段階は要注意と見ている。何が要注意なのか。あなたをやっかむ人たちとの関係が悪化することだろうか。社会から良くない評価を受ける可能性だろうか。いや、そうではない。一番の要注意はあなた自身の心構えだ。あなたの心構えが「やっかみ現象」の悪い影響を受け、ぐらついてしまうことなのである。周囲からやっかみを受けると、「自分のやっていることは、たいしたことないのでは」「社会に評価されていないのでは」などの観念にとらわれてしまう。当初始めた心構えがぐらついてくる。ひどい場合には、被害妄想にまで発展してしまうケースもある。

特に、初めて起業を行う人は、こうした反応に対する免疫がないから、一人で苦しんでしまいがちである。しかし、そんなときはよく考えてみてほしい。周りがあなたを「やっかむ」とは、どういうことだろうか。「やっかみ」とは実は「うらやましい」の裏返しの場合が多い。やっかんでいる人は、反面うらやましいと思っていることが多いのだ。あなたが作った「楽しくて小さなモデル」が世の中にデビューしたこと、社会に認められるようになったことが、うらやましいのである。そういうふうにとらえれば、気も楽になろう。

ところが、この時期の農村起業家は、こうした気持ちになかなかなれない。当初の変人扱いされた記憶までもが蘇ってきてしまい、大きく落ち込んでしまうこともある。最悪のケースは、周囲のやっかみを負担と感じ、せっかく始めた事業を断念してしまう。

門戸を広げるチャンス

では、周囲のやっかみ現象が始まったときにはどう対処すればいいのか。ひとついい知恵を授けよう。先ほど書いたように、やっかみとは「うらやましい」の裏返しである。やっかみを発信している人の中には、実はあなたとお近づきになりたいと思っている人もいるだろう。だから、農村起業の門戸を開放して、そうした人たちをあなたのネットワークに入れてしまう仕掛けを作ればいい。せっかくメディアに露出する機会が多いのだから、その機会を利用し、事業のサポーターを募集するのもいいだろう。

自分より目上で、実力者の方ならば、事業の顧問をお願いするのもいいだろう。知名度が上がってきたあなたのお願いなら、聞いてくれる可能性もあるだろう。場合によっては、その後、協力者になってくれるかもしれない。強力な支援者になってくれるかもしれない。私もこのような経験をしてきた。

門戸の開放が成功すると、あなたの始めた農村起業は地域に浸透し、より広いネットワークが形成されてくる。その結果、新たな経営資源、人、もの、金《かね》、情報が獲得できるようになるだろう。

こうしたやっかみ現象が訪れるのは、事業をスタートして2年目ぐらいからである。最初の1年間ぐらいは何もわからないまま、まっしぐらに突き進むので、迷いも生じない。ビギナーズラックもあり、割に楽しく事を進められる場合が多い。

しかし、2年目になると、先のやっかみだけでなく、事業の課題に対する迷いが出てきたり、身体の疲れも出てきたりと、試練の時を迎えることが多い。だから、この2年目を上手に凌ぐことがとても大切である。

そんな時は、こんなふうに自分自身に言い聞かせるといい。「このぐらいで、気持ちがぐらついているようでは、これから事業が直面するさまざまな課題に対処できない。今は、その時のための訓練の期間なんだ」。それぐらいの気持ちで乗り切ることが肝心である。そして、この試練のトンネルを抜ければ、不思議と新たな道が開けてくる。

2 「おらが村の自慢」になるまで続けよ

地域の人がわがことのように自慢を始める

では、周囲からのやっかみの時期が過ぎると、次には、どういう現象が起きてくるのか。やっかみの時期が終わって、さらに1年、2年と事業が続くと、徐々に次の現象が生まれてくる。あなたの農村起業が「楽しくて小さなモデル」によって地域デビューを果たし、「立っているものを活用」して経営資源が調達され、さらに「一石二鳥、一挙両得」の鉄則によって、徐々に農村起業のサプライチェーンが固まってくると、次の現象が起きるのである。

それは、あなたが始めた事業を、人々がまるで村の自慢のように語り始める「おらが村の自慢」現象である。いろいろな人が「うちの村では、こんなおもしろいことをやっている人がいるんだ」と話し始めるのである。

ひょっとすると、あなたの目の前では、「おらが村の自慢」をしないかもしれない。しかし、よその地域に行って、例えば、飲み会などの場で、村の自慢をする際に、「うちの村にはこんな事業を行った人がいて、こんなおもしろい動きになっているんだ」と、話題にするようになる。

そんな現象が起き始めたら、あなたの農村起業は、1つの山場を迎えたと考えてよい。「おらが村の自慢」現象が起きると、あなたの周りで、さまざまな化学変化が生じるだろう。知らない人や組織、他地域からの問い合わせや相談、講演などの依頼が相次ぎ、あなたの農村起業は、次なる局面を迎えることになる。

だから、農村起業の目標として、「おらが村自慢」の現象を1つのイメージとしてもいいだろう。「少なくとも私は、『おらが村の自慢』現象が起きるまでは続けよう」と！

3年でだめなら考え直そう

しかし、逆に言えば、事業開始から3年ぐらい経っても、「楽しくて小さなモデル」は開発できず、サプライチェーンもできず、「おらが村の自慢」現象もまったく起きないような事業だったら、その事業には可能性がないと思ったほうがいい。

あなたが始めた農村起業のどこかに選択ミスがあったのかもしれない。もしかすると、あなたは、「農村発起業」でなくて「都市発起業」のほうが向いていたのかもしれない。また、「楽しくて小さなモデル」を開発したときの選択ミスだったかもしれない。「アピールし続けるべし」が足りなかったのかもしれない。だから、3年経って芽が出なければ、あっさりと撤退を考えたほうがよい。

撤退はつらい判断である。世間体もある。しかし、ここはきっぱりと撤退を考えるべきだ。そしてまた、新たなチャンス到来を待てばよい。撤退してもあなたの起業経験はいつか活きてくる。私自身、1回目の起業に失敗したが、その時の経験は貴重なものになっている。「こんなことをすると失敗する」というセオリーを、痛い経験の中から学んだし、事業を行う上で重要な、人や社会の反応も学んだ。起業失敗の痛い思い出は大変貴重であり、その後の人生の無駄になることはない。

最後に一言。「おらが村の自慢」が始まり、さらに周囲の人が農村起業を始めたあなたのことを、「あいつは腐っても鯛だな」と言うくらいになれば、あなたは本物になっているとだろう。この言葉が発せられるような状況になれば、もうあなたはりっぱな農村起業家なのである。

3 起業家意識を高めよう

農村起業家たるもの、最低限の起業家意識を持つべきである。サラリーマンとは違って、あなたは小さくとも一国の主《あるじ》である。あなたの意識がすべてあなたの事業の存続と成功、失敗に影響する。だから、起業家意識の意味は非常に大きい。

では起業家意識とは何だろうか。とりわけ農村起業家意識とは何だろうか。私自身の事例を振り返ると同時に、これまで全国の農村起業家の立ち上げの支援を行ってきた経験を踏まえ、3つのポイントを説明しよう。

問題意識

農村では過疎・高齢化が深刻な事態となっている。耕作放棄地が増え続け、荒れ果てたままの森林が膨大にある。全国どこの地域でも同じだろう。もし、今あなたがどこかの農村にいるとしよう。あるいはこれからどこかの農村部で活動することを想定してみよう。まず出発点として、その地域の問題はどこにあるかを、強く意識することである。

第1章のコラムで述べたように地域に対する問題意識を強烈に持っている人であれば、極端な話、経営センスやスキルがなくても成功してしまうぐらいである。私もそういうタイプの農村起業家を何人も見てきた。だから、「農村起業家にとって問題意識と経営のセンス、どちらが重要ですか」と聞かれたら、私は「問題意識」と答える。都市部における通常の起業とは、このあたりのニュアンスが少し異なるかもしれない。事業インフラとなる農村のビジネス環境が、都市部のビジネス環境に比べて整備されておらず、過酷な状況にあるからである。

逆に言えば、例えば企業出身の人で、経営のスキルやマネジメント能力はあるが、地域に対する問題意識があまりない場合、それほど成功していないケースが見受けられる。実際、私の周りでもそんなタイプの人は、評論家的な動きに留まっていることが多い気がする。もっとも、そういったタイプの人たちでも、農村のフィールドに通い始め、地域への問題意識が深まってくると、農村起業家としての意識が醸成されてくる。いずれにせよ、出発点として問題意識を強烈に持つということが重要である。

当事者意識

問題意識の次に何が必要か。あなたは農村起業家の経営者である。もし経営者としての当事者意識がなかったら、あなたの事業は進まない。誰かに雇われているわけではない。あなた自身が経営者であり、当事者である。サラリーマンから起業家になった人は、最初はこの当事者意識がなかなか身につかず、他人事になりがちである。さまざまな人を見てきた経験から言うと、これは「慣れ」が解決する。

問題意識を持ったうえで、その解決のためのビジネスモデルを作り、事業を進めていくと、徐々に当事者意識が芽生えてくる。最初は当事者意識が弱くても、心配しなくてよい。ただし、慣れるには時間が必要だ。事業を始めた最初の頃は、意識してなるべく多くの時間を農村起業にあてるように仕向ける。スケジュール帳の先のほうまでスケジュールを埋めてしまい、その形にはまって動いてみる。商品のリサーチ、試作品開発、営業活動、そのための学習等々である。そうすれば、徐々に当事者意識が芽生えてくるだろう。

さらに、自分が現在している行動の目的を強烈に意識することが大切である。「今、自分がしていることは何のためなのか」「なぜ私はこの行動をしているのか」と、常に意識する。するとあなたの行動と目的は心の奥底で共振をし始め、いつしか同化してくる。そうすれば、常に自分の目的に沿った行動をするようになり、あなたの心に当事者意識が横たわるようになるだろう。また、受験生がどうしても記憶しなくてはならないことを部屋の壁に張るように、「当事者意識が重要」と紙に書いて時々眺めるのもよい。

そんなことをしていれば、いつしか当事者意識が高まり、知らず知らずのうちに、四六時中、自分の農村起業のことばかり考え続けるようになる。そうなったら、あなたは100パーセント農村起業の当事者になっているだろう。

目標意識

3つ目は目標意識である。目標意識も、事業を立ち上げたばかりの段階では、なかなか持てなくて当然だろう。問題意識があり、当事者意識が生まれても、リアルな目標意識を持てない。農村起業を始めたばかりのあなたは、やることなすこと初めてのことばかりで、目の前のことで精いっぱい、遠く将来のことは見えにくいし、なかなか考えられない。

しかし、そうはいうものの、目の前のことばかり見ていたのでは、農村起業のビジョン実現はおぼつかない。

では、そんなとき、どうしたらよいのだろうか。私は目標を数字にすることをお勧めする。目標を数字にする効果は、焦点が明確になる効果、誰にでもわかりやすくなる効果、逃げられない効果の3つあると思う。数字に落とし込めば、目標の焦点は明確になる。自分にとっても周りにとってもわかりやすくなる。さらに重要な点として、あなたはその目標から逃げられなくなる。

人間誰しも、自分が取り組んでいることに対し、逃げ場を作っておきたいという心理がある。この心理が大きい場合、目標を明確に掲げたくない自分がいるだろう。一方で、それではいけないと思う自分もいる。

だから、思い切って、目標を数字にしてしまうのである。そして、紙に書いたり、周囲に話したりして、情報発信をしてしまう。すると、だんだんあなたに目標意識が定着してくる。知らず知らずのうちにあなたは目標意識の塊のような存在となって生まれ変わる。

まとめると、理想の農村起業家になるためには、問題意識、当事者意識、目標意識の３つが必要である。ただし、最初から３つを同時に身に着けるなどという無理なことはやめたほうがよい。できる人はやったらいいが、そんなプレッシャーをかけたら、普通の人間はつぶれてしまう。だから、農村起業家の意識は、まず問題意識から始め、次に当事者意識、３番目に目標意識。この順番で醸成させていけばよい。

最後に、３つの農村起業家の意識、問題意識、当事者意識、目標意識は、強烈であればあるほどよいことは言うまでもない。

4 「成功物語」に自分を当てはめてみる

映画『スター・ウォーズ』に代表されるように、世界各地の神話や英雄伝説、冒険譚、成功物語には共通するストーリーがある。農村起業家というのも「大志を抱き、長い旅を始めた英雄」の1人であるはずだから、この普遍的な物語パターンに自分を当てはめてしまうとよい。

成功物語というのは大抵4パターンからなっている。第1に旅立ち。農村起業も人生における新たな旅立ちといえる。第2に小さな成功体験。この「小さな」がミソである。まずは最初小さな成功体験をすることが、あなたの農村起業への動機づけとなる。第3に試練。農村起業もすべて順調に進むわけではない。「やっかみ現象」なんてものも起きて、あなたの前に立ちはだかるのは課題だらけである。その課題は試練となる。そして、試練を克服したら脱皮となる。旅立ち、小さな成功体験、試練、脱皮の4つである。この4つのプロセスにあなたを当てはめてしまうのである。

旅立ちの儀式をしよう

もう少し詳しく説明しよう。第1の旅立ちにおける重要なポイントは何だろうか。それは、儀式である。旅立ちに際しては儀式を行うべきである。家族で祝勝パーティをしてもいい。友人と集まって旅立ちの記念集会をしてもいい。あるいは、あなたが農村部のフィールドに移住をしたり、関係を築いたりするときに、地域の有志とともに発足会をしてもいい。そのような場であなたは農村起業の宣言を行う。それが儀式となる。

このような儀式を行うのと、行わないのでは、まず、あなたの意識が違ってくる。私も農村起業家を育成する際には、こうした儀式を必ず行っている。例えば農村起業家たちに集まってもらい、これから始める事業について自ら宣言する会を催すのである。旅立ちの段階においては、こうした儀式的なイベントを行って、自分自身の気持ちを奮い起こすのだ。

仲間との体験共有が重要

次のステップである小さな成功体験の時期に有効なのは、仲間との体験共有である。あなたが小さな成功体験をしたとしても、そのことを誰にも伝える機会がなかったら、気持ちは盛り上がらない。成功体験を仲間と共有することによって、あなたの心の中の火種が大きくなっていく。仲間とは家族かもしれないし、友人かもしれない。どこか農村の住民たちかもしれない。彼らと小さな成功体験を共有する場を作るのである。

最近ではインターネットがあるので、ブログ、ツイッター、フェイスブックなどであなたの成功体験を発信する。それを読んだ人たちに「いいね！」を押してもらえれば、あなたの気持ちは盛り上がる。このように小さな成功体験を仲間で共有しながら、あなたの起業家意識を盛り上げていくのだ。

試練の時期に不可欠なメンター役

3番目の試練の時期には、メンターやコーチの役割が重要になる。『スター・ウォーズ』でいえば、ルーク・スカイウォーカーを育て上げた老師ヨーダの役割である。

農村起業を進めていくと、毎日が試練の連続という時期が出てくる。そんなとき、何でも相談できるメンター役、コーチ役が1人でもそばにいると心強い。だれにも試練は必ず訪れるから、事業の最初から試練を想定し、この人がメンター役、コーチ役になってもらえそうだと考えておくといい。あるいは起業の途中でメンター役に出会ったら相談するといい。

メンター役がいないと、先に述べた「やっかみの時期」など、試練の時期に、あなたの気持ちが挫けてしまうかもしれない。そうならないためにも、メンター役を見つけておくとよい。

脱皮の時期にも後押し役が必要だ

試練の時期がいつしか過ぎ去ると、あなたは脱皮の時期を迎えることになる。誰でも子供の頃、自転車に乗る練習をしたことがあるだろう。最初はうまく乗ることができず、何回も転んだりする。ところがあるとき、ふと転ばずに乗れるようになる。言うなれば、それが脱皮である。なぜか不思議だが、何事にもそういう瞬間がある。

実は脱皮の時期は次への発展期でもある。この時期にも、あなたの次の発展期を見通して、あなたの事業を後押ししてくれる役割の人がいるとよい。ともすると、旅立ちがあり、小さな成功体験をし、ある一定期間の試練をくぐりぬける頃になると、日々の事業にあまりにも慣れてしまい、脱皮の時期が訪れていることに気づかない。だから、そんなあなたの状況を冷静に見てくれる、老師ヨーダのような存在を見つけておくことが重要なのだ。

この脱皮の時期というのは、先ほどの項で説明をした「おらが村の自慢」現象が、あなたの周りで起きている可能性がある。そんなときは、それこそ次の仕掛けのチャンスの時期である。このチャンスを逃さないためにも、後押し役を見つけておこう。

私も、農村起業家をサポートする際、メンター役を一定期間つけるようにしている。理想をいえば、農村起業の分野やタイプごとに、起業経験のある先輩がメンター役になるのが望ましい。例えば、農産物の加工などの6次産業を志す農村起業家には、そのような事業を立ち上げたことのある先輩起業家がメンター役となるといったようにである。また、小さな成功体験の時は、仲間との体験共有が重要と書いたが、私たちは農村起業家たちのネットワークを作り、そのネットワークの中で体験の共有ができる仕組みを作った。私自身にも、農村起業の過程でメンター役となってくれる人たちが何人もいた。とても幸運なことであり、メンターの皆さんにはまことに感謝している。

コラム サラリーマン根性を捨てよ

農村起業家を目指そうと思ったら、その時点でサラリーマン根性とおさらばをしよう。サラリーマン根性のままでは、農村起業に限らず起業は無理だからである。では、サラリーマン根性とはどういうものだろうか。

サラリーマン根性と聞いて、私が連想する言葉をいくつかあげてみよう。「寄らば大樹の陰」「長いものには巻かれろ」「赤信号、みんなで渡れば恐くない」。共通するのは、依存心が高く、自立心が低いこと。もちろん、激しい大雨が突然降ってきたら、小さな木の下よりも大樹の下のほうが濡れずに済むだろう。大きな流行やトレンドがやってきたら、その長いトレンドに巻かれながら商品開発をしたほうが商品はよく売れるかもしれない。

しかし、それは事業の戦略として有効だからそうしているだけであって、常日頃のあなたの姿勢や態度が、「寄らば大樹の陰」「長いものには巻かれろ」「赤信号、みんなで渡れば恐くない」の3セット揃ったサラリーマン根性では、起業はおぼつかなくなる。

ここで、1つ有名な話を紹介しよう。マーク・トウェイン作の『トム・ソーヤーの冒険』にある「ペンキ塗り」の話だ。トムは冒険やいたずらが大好きな、やんちゃな少年だ。トムはいたずらをした罰として、放課後、塀のペンキ塗りをするようにおばさんに命じられた。トムは嫌々ながらもペンキ塗りを始めるが、塀は長大で、1日で終わりそうになかった。そんなとき、トムに名案が閃いた。ペンキ塗りの仕事を楽しそうにやることで、その前を通りかかる友人たちにペンキ塗りをやらせてしまうというアイデアだ。

トムは口笛を吹きながら楽しそうにペンキ塗りを始めた。通りかかった友人たちはトムを冷やかすが、トムはご機嫌でペンキを塗り続ける。あまりに楽しそうなトムの作業を見て、友人たちもやってみたくなり、トムに「ペンキ塗りをやらせてくれ」と頼む。トムは最初、友人たちからの申し出を断った。人は断られるとかえって興味が増すものだ。どうしてもペンキ塗りをしたくなった友人たちは、「自分の持っている宝物をあげるから塗らせてくれ」とトムに頼んだ。

そこでトムは、宝物と交換にペンキ塗りを友人たちにやらせることを承諾した。結局、塀は一日で塗り終わり、トムは友人たちからたくさんの宝物をもらった。またペンキを塗り終えたことを、おばさんに誉められる結果となった。

私は、この話に起業家の自立精神が隠されているように思えてならない。「寄らば大樹の陰」「長いものには巻かれろ」「赤信号、みんなで渡れば恐くない」という意識からは、おそらくこのような発想は生まれないだろう。

日本は、右肩上がりの高度経済成長期に、依存度の高い意識が、日本のサラリーマンに形成されてしまったのではないかと思う。その時代は、みんなで同じようなことをやっていても、市場はどんどん拡大するし、所得は増加するし、それでよかった。

しかし、今日、右肩下がりの低成長が続いている。みんなで同じことをしていたら、共倒れになるかもしれない。少子高齢化、人口減少という過去とは違う大きな変化もある。「変化を危機と捉えるのではなく、機会として捉えられるのが起業家の重要な資質」というのは、経営学者ピーター・ドラッカーの言である。また、変化だけでなく、課題についても楽しんでしまうぐらいの心構えが起業家には必要だと思う。このトム・ソーヤーのようにである。

最後に、ツイッターなどのSNSで有名になった言葉を紹介して、このコラムを終える。起業家予備軍向けに限らない名言である。

「中途半端だと愚痴が出る。いい加減だと言い訳が出る。一生懸命だと知恵が出る」

第6章

「地アタマ使って、頭角を現せ」の鉄則
——農村起業の思考法

最後の章では農村起業を実践する場合のアタマの使い方を紹介する。農村起業家は、いわば農村ソーシャルアントレプレナーであり、農村ビジネスマンである。身体も使うがアタマも使う。そのアタマの使い方は、単なる与えられたテーマを勉強するようなものではない。アタマを使って、情報の収集を行い、自ら集めた情報をもとに価値を創造し、その価値を発信しながら、事業をマネジメントしていく。あなたの地アタマをどのように使っていけば、農村起業を成功に導いていけるのか、ポイントを解説しよう。

1 8つの思考法

仮説思考

仮説思考とは文字通り、「仮の説」を考えることである。あなたが農村起業を企画しようとしても、まだ誰も取り組んでいない、前例のない新しい事業領域であれば、事業プラン自体を、なかなか企画できないだろう。さらに、プランができて事業を始めたとしても、あなたの前にさまざまな課題が立ちはだかるであろう。

こうした課題を解決するにあたり、とりわけ初めて発生したような予期せぬ事態であれば、解決策をなかなか見つけられないかもしれない。このように、農村起業は計画段階においても実行段階でも、常に課題にぶち当たる。農村起業を行うにあたっては日常茶飯事と思ったほうがいい。

こんな場合に有効な思考法が仮説思考である。仮説でいいから対処法を考えてみよう、ということである。かりそめの説でいいから、軽い気持ちで考え、とりあえず作ってみようという思考法である。私はこの仮説思考を説明するときには、あえて乱暴な言い方をしている。「仮説思考とは、嘘でもいいから思考である」。嘘でもいいから、かりそめのものを作ってみたらどうか。

仮説思考というと、何だかむずかしそうに聞こえる。しかし、「嘘でもいいから、かりそめのものを作ってしまえ」と言えば、かなり気が楽になる。気が楽になれば、頭の緊張がとれて、さまざまなアイデアが出てくる。なぜ、こんな乱暴な説明をするようになったかというと、事業プランを練る際によく感じるのだが、もともと農村で行われてきた農業・林業といった従来のやり方、ルールにとらわれている人が非常に多く、さまざまな事業の可能性があるにもかかわらず、自己規制してしまっているケースが多々あるからだ。

事業の計画を作る段階でも、実行段階でも、嘘でもいいから仮のものを作ってみることだ。すると気が楽になって、さまざまなアイデアが出てくる。そんなことを何回か行っていくうちに、少しずつあなたの脳味噌に仮説思考が埋め込まれてくる。そうなればしめたもの、あなたの発想力は一気に広がるだろう。

農村起業というのは次から次へと課題がたくさん出てくる。加えて、他の業界と比べてまだまだ新しく、取り組んでいる人も少ない分野である。だから、新たなトラブルも当然出てくる。そのためにも、どんな事態がやってきても対処できるように、嘘でもいいから思考、かりそめ思考、仮説思考を鍛えておくことを切にお勧めする。

具体思考

具体思考も仮説思考と同様に極めて重要である。そもそも事業というのは具体化することである。具体化しない事業はありえない。農村起業家のさまざまなサポートをしていて気づくことなのだが、あまりに評論家のような思考の人が多い。物事を評論しているだけでは、事業は具体化しない。だから具体思考が大切なのである。

私は本書で紹介した「楽しくて小さなモデル」の作り方について、セミナーや研修を行ってきた。そこでは受講者に具体的なビジネスモデルや事業計画を考えてもらい、定められたシートに書いて提出してもらう。

このシートに書き込まれた記述を見れば、その人がどのぐらいの具体思考の人なのかが、一目瞭然で判断できる。簡単な見分け方がある。書いてある言葉が抽象名詞ばかりである場合は抽象思考の人である。固有名詞や具体的な名称が記入されている人は具体思考だ。

例えば、農村起業のビジネスモデルを説明するシートがあるとする。そして、あなたが農産物の加工食品を作り、販売するビジネスモデルを考えたとする。そのシートにはこう書かれている。

・村の農家の農産物を仕入れ、地域の食品加工所で加工して菓子を作り、地元のスーパーマーケットで販売する。

これは完全な抽象思考のビジネスモデルだ。

これに対し、次のように書いてあったらどうだろうか。

・○○農家さんの作るカボチャと、○○農家さんの作るニンジンと、○○農家さんの作るコメの米粉を仕入れ、○○村の○○農産加工所でクッキーを作り、○○スーパーの地産地消コーナーで販売する。

これならばようやく、具体的なビジネスモデルに近づく。

こうしたことを指摘すると、次のような反論が出てくる。「だって、これから計画するところなんだから、まだ具体的なことは書き込めないんです」。当然の反論のように聞こえるかもしれないが、私の経験だと、抽象思考でビジネスモデルを作っている人は、いつまで経っても抽象思考のまま、なかなか具体化してこない傾向がある。結局、そういう人は、アタマが最初から抽象思考なんだろうと思う。

ビジネスを行うには、具体思考に切り替えなければいけない。先の反論の「これから計画するところなんだから、まだ具体的なことは書き込めない」に対するアドバイスは、「仮説思考を思い出してほしい。仮説でいいから、具体的なことを書こう」である。嘘でもいいから、具体的なことを書くのである。そうすれば、具体思考のビジネスモデルが書けるはずである。また、常に書いてみることによって、具体思考の習慣づけを行う。これが大事である。いつも具体思考で考えられるように、頭の中を鍛えておく。頭を使うのは計画時だけではない。いつでも常に頭を使うべきである。この普段の頭の使い方も常に具体思考になるように鍛えておくことが大切だ。

そうすれば、あなたの脳は抽象的な「評論家脳」から、具体的な「事業家脳」に生まれ変わる。こうした訓練によって、それは可能なのである。

数値思考

私は、事業化することと、数値化することは、非常に近い関係と考えている。そもそも、あなたの事業をビジネスにしていくためには、頭の中でさまざまな数字に落とし込む作業が行われる必要がある。なぜ、私がこんな基本的なことを言うかといえば、これまで農村起業家たちを見てきた経験では、この部分が極めて弱いからである。

私は、農村起業家のサポートをする中でさまざまな質問をしてきた。例えば、ある農村起業家に対し、「あなたの取り扱っている農産物の生産量は、年間何トンですか」に始まり、「その農産物の10アールあたりの生産量はどのくらいですか」、「その農産物を使った加工品を

100キロ作るには、何アールの作付けが必要ですか」、「農産物を加工品にしたときの歩留まりはどれぐらいですか」などである。

しかし、こうした質問をしても、答えが返ってこないケースが多い。それでよく事業を組み立てられるなと疑問に思うこともしばしばだ。農村起業をサポートするにあたり、基本的な事柄を数字で教えてくれなければ、具体的な事業イメージを持ちようがない。何も難しい数字を並べ立てる必要はない。事業を計画したり、進めるうえで基本となる事柄を、数字で押さえればいいだけの話である。最低限、自らが取り扱っている資源や製品やマーケットに関する数値を把握すべきである。

余談だが、一般企業で働くビジネスマンは、もともと数値思考を叩き込まれているはずである。しかし、どういうわけか、企業のビジネスマンでさえ、農村のフィールドで農村起業家を目指すと、数値思考が抜け落ちてしまう。不思議な現象である。

私が思うに、企業社会というストレスの高い世界を離れて、農村のフィールドという「癒やしの空間」に移ると、数値思考がどこかに行ってしまうのではないだろうか。これはもったいないことだ。せっかく企業で数値思考を培ったのだから、農村起業業界でも上手に活用することをお勧めしたい。

トライアル思考

トライアル思考とは、いきなり本番の事業を行うのではなく、試しにやってみようという思考である。テストマーケティングやフィージビリティスタディを行うのもトライアル思考による。

テストマーケティングとは、商品やサービスを本格的に販売する前に、限定した地域や、顧客層、特定の流通チャネルで販売して、反応を試してみるマーケティング手法のこと。測定結果を、本格的な販売の前に、商品設計、マーケティング・販売計画、アピールポイントを再検討する材料にする。

フィージビリティスタディとは、投入する費用に対して、どれぐらいの成果があるのかを、試験的な事業を行って調査することだ。新製品や新しいサービス、あるいは新しいシステムなどが、どれぐらい実現可能性があるのか、試験的な事業を行いながら検証する作業である。運営面、人材配置、技術面、資金面、事業採算性など、さまざまな観点から分析を行い、事業実現の可能性を検証する。

しかし、現状行われている農村起業には、こうしたトライアル思考はあまり感じられない。例えば農業の6次産業化の現場にありがちなパターンだが、突然どこかから出てきたようなアイデアにいきなり補助金を投入し、6次産業化商品を作って、大喜びする。しかし、商品の販路すら考えておらず、物産展で少し売るぐらいで終わってしまう。第2章で紹介したフィクションのようなパターンが非常に多い。こうなってしまうのは最初からトライアル思考の地アタマと行動様式がないからだ。

まず試してみる。それで失敗したら改めて再び試してみる。どんな事業でもこうしたトライ&エラーが重要である。しかし、これまでの農村起業では、失敗したらそれで終わりだった。トライ&エラーではなくて、ただのエラー&ジ・エンドだった。

ポートフォリオ思考

農村起業というのはそれだけで大きな挑戦である。スタートした事業には常にリスクがつきまとう。このことを覚悟しなくてはいけない。ただ、覚悟だけでは精神論に終わってしまう。このリスクをヘッジできる思考法はないだろうか。それはポートフォリオ思考である。ポートフォリオとは資産運用理論の1つで、簡単に言えば「1つのかごの中にすべての卵を入れるのではなく、いくつかのかごのなかに分散して入れておけば、大きな変動があった場合でもすべてを失うことはない」という考え方である。

農村起業の事業においてもポートフォリオの考え方が活用できる。もし、あなたが事業の岐路に立って迷っているとしよう。現状維持でいこうか、それとも、ここで少し勝負に出ようかなどである。そんなときこそポートフォリオ思考の出番である。

いくつかの事業戦略や計画を用意する。プランA、プランB、プランCという具合にである。そしてまず、プランAをある一定の期間やってみる。もし反応が良くないようなら、プランBをやってみる。またプランBがだめならプランCをやってみる。あるいは、プランA、プランBの2つを同時にやってみて、反応のよさそうなほうを採用する。それぐらいの気持ちでやるといい。

とにかく事業をスタートさせると、日々の選択があまりに多いために、判断を遅らせてしまいがちである。遅らせる要因には迷いがある。どうせ、迷って遅れてしまうぐらいなら、ポートフォリオ思考に倣って、気楽に複数のプランを作り、トライしてみたほうがずっといい。

これまで本章で説明してきた、仮説思考、具体思考、数値思考、トライアル思考が、あなたの頭の中に埋め込まれてくれれば、案外自然に、ポートフォリオ思考が身についてくるだろう。

このポートフォリオ思考によって、私が実践している方法を紹介しよう。第2章で「楽しくて小さなモデルを作り、アピールし続けるべし」と述べた。そこではさまざまな事業アイデアを取り上げ、ふるいにかけ、「楽しくて小さなモデル」をいくつか抽出する作業を説明した。その過程で複数の有効な事業モデルのアイデアが出てきたとする。

その複数の有効な事業モデルを、ポートフォリオ思考の視点で把握するのである。

私はさまざまな事業アイデアを4分類で位置づけている。それは「本命」「押さえ」「ダークホース」「控え」である。何やら競馬の予想みたいだが、案外有効だ。

楽しくて小さな事業モデルのアイデアの中で、これはすぐにやったほうがよいという事業モデルが「本命」だ。「本命」とはならないけれど、次点として「押さえ」ておいたほうがよい事業モデルが「押さえ」だ。時代の変化などで、ひょっとすると大化けする可能性があったり、事業性は低いけれども、PR効果は絶大であったりする、特定分野においてとても秀でている事業モデルが「ダークホース」である。

さらに、今の時期では「本命」ではないが、事業が成長したり、時代のニーズが変化して、例えば3年後にはもしかすると「本命」になるかもしれないという事業アイデアが「控え」である。

私は、さまざまな事業モデルのアイデアをこの4分類に分け、頭に納めている。これによって、頭の中も整理される。こうしたこともポートフォリオ思考の1つであろう。

システム思考

最後に、農村起業の思考法に限らず、世の中の分析や理解を行うときに、私がよく用いる思考法について紹介する。1つはシステム思考である。システム思考とは、すべてシステムと呼ばれるものは、構造、機能、関係性の3つの要素で構成されているという視点で思考することだ。

システム思考は、世の中にあるさまざまなことやものの原理を分析する際に、非常に重宝する。例えば、自動車をシステム思考で分析してみよう。自動車の構造は、エンジンがあって、タイヤがあって、燃料タンクがあって、座席があって……ということである。また自動車の機能とは、人やものを運ぶことや社会的ステイタスなどだ。関係とは、運輸業界の中における秩序とか、電車、飛行機、船など他の運搬手段と比べた位置づけはどうなのかという関係性だ。このようにシステム思考は、物事の原理を押さえるうえで重宝する。

では、農村起業をシステム思考によって分析してみよう。まずは、農村起業の構造である。何度も述べたように、農村起業の事業構造は5本柱と考えている。農業の6次産業化、農村での観光交流、森林資源の建築・不動産活用、農村にある自然エネルギー資源活用、教育・情報・IT・メディア・福祉・健康等のソフト産業と連携した農村資源活用の5本柱である。

また農村起業の機能は、内需産業の掘り起こし、雇用創造、新たなライフスタイル・ワークスタイルの創造などである。

そして農村起業の関係性の1つは、都市と農村の中間領域に位置する産業だということである。

陰陽思考

次に紹介するのは、陰陽思考である。世の中すべてのものは、陰と陽の2つの要素で構成されているという視点から物事を分析する思考法だ。電気はプラス極とマイナス極があって成り立つし、そもそも男女がいないと子孫は続かない。世の中はすべて2つの異なる要素があって成立しているという視点から、さまざまなことを分析してみるのだ。

この2つの要素は、優劣をつけられるような存在ではなく、ゆらぎながらも両者がバランスを保つように収斂されていく傾向がある。陰が極まれば陽に転ずるとも言われる。

農村起業分野で考えてみよう。もっともわかりやすいのが、都市と農村である。まさしく陰陽である。現在の社会は都市偏重型である。2つの異なる要素はバランスを保つ方向に収斂されていくことを考えると、今後は農村軸にウエートが移行していくだろう。

因果思考

最後に因果思考である。物事の結果には必ず原因があるという思考だ。当たり前すぎるかもしれないが、読んでみてほしい。すべて物事の結果には原因があるとするならば、偶然はなく、すべては必然であることになる。私はここが重要だと思っている。因果思考では、偶然に起きたと思えることも、実は何か原因があって結果を引き起こしていると考える。

今起きているさまざまな社会問題にもすべて原因があり、起きている結果とつながりがあるとみなす。それは直接的な原因だけでなく、間接的な原因もあるだろう。それらを見つけ出し、結果と結びつける思考法だ。言うなれば、風が吹けば桶屋が儲かる式の思考法である。

私自身、東京から山梨に移住して、農村起業を始めたのも、この因果思考で考えたからだった。経済バブルの絶頂期から崩壊局面まで、金融機関向けの経営コンサルタントとして過ごしながら、この因果思考によって、将来の日本を見通してみた。すると、社会変化をもたらす原因として、３つの課題が見えてきた。

１９９０年代前半の短期的な課題としては、経済バブル崩壊後の不良債権の大量発生と、その処理による経済収縮（失われた10年）。中期的な課題は、中国など新興国台頭による国内産業や雇用の空洞化。長期的な課題は、食料・エネルギー自給率の低さによる経済的、安全保障上の危機。これら３つが順番に日本の課題となって積みあがってくるだろうと想定した。

一方で、２０１５年頃になると、団塊世代がほぼ全員年金受給者になる。また、この頃には日本農業のメインプレーヤー層である昭和一桁世代が大量に引退する。こうした原因群が積み重なって、結果として社会の大転換が訪れる時期が2015年頃と想定した。

こんな状況の中で、少しでも何かできないかと考えたのが、国内の農村資源を活用するビジネスモデルだった。だから2015年を間近に控え、私自身もいよいよ本番の時が来たと気を引き締めているところである。

私が社会を観察したり、分析したり、理解したりする際の思考法を紹介した。結構使えるのではないかと思うので、参考にしてほしい。

2 効果的なリサーチの方法

農村起業を進めるにあたって必要なリサーチ、調査の方法を説明しよう。まず、調査のそもそも論から始めよう。農村起業の分野において、調査の意味を明確に位置づけ、実効性のあるものにしている例は非常に少ない。極端な言い方をすれば、場当たり的な調査と調査のための調査、この2つが実情だろう。

場当たり的な調査とは限られた情報の中で行う、子どもの頃の調べものと同程度のレベルといったらよいだろうか。これでは調べたい内容の全体像は掴めないだろうし、一部の情報を頼りに事業計画を作るから、事業計画の信頼性にも影響してしまう。

一方、調査のための調査というものもある。調査の設計はきちんとなされているものの、調査によって得られた結果は社会にほとんど反映されず、それで終わりといった例である。こうした類いの調査は、調査自体が目的化している。そんな調査では、調査結果から何らかの課題が出てきたとしても、誰も真剣に対処しようと思わない。

調査が終われば、ある種の安心感をもってしまい、それで終わりとなる。事業者の場合は場当たり的な調査、研究者や行政機関、コンサルタントの場合は調査のための調査が多いようだ。

では、どうすればいいのか。私は農村起業を行うにあたって、効果的な調査方法は、大きく分けて①1次調査、②ヒアリング、③ワークショップ、④フィールドワーク、⑤市場調査の5つあると考えている。

1次調査

書籍や各種資料、最近ではインターネットなどを通じて情報収集を行う調査である。事業を計画する際に、業界の情報や、類似の商品情報、先進事例や成功例、失敗例などを調査する。ともすると、1次調査はリサーチと同義語と勘違いしている人がいるかもしれない。しかし、それは調査方法の一部にすぎない。

1次調査は2つの方法で行うと効果的である。まずは、ネットサーフィンのように情報を広範囲に集める。次に調査項目をリスト化し、系統立てて情報を集める。この2つをきちんと分けて調査すれば、欲しかった情報を漏れなく集めることができる。

ヒアリング

ヒアリングは情報を持っている人に面談したり、電話、メールなどを通じて、直に情報を集める方法である。1次調査の結果、大まかな業界動向、マーケット、類似商品群、関連政策などの情報を集めることができる。しかし、事業を行うにはもっと現場レベルの生の情報が必要である。また、1次調査の過程で、さまざまな疑問点、知りたい点などが出てくるが、1次調査だけでは限界がある。こんなときには、ヒアリング調査が必要になる。

まず、疑問点や知りたいことを具体的にリストアップする。次に、リスト化した情報は誰が、あるいはどういった組織が保有しているか、仮説でよいから、具体的に書いてみる。ヒアリング先は顧客対象者かもしれないし、サプライチェーン上の小売業者かもしれない。専門家かもしれないし、競合他社かもしれない。行政機関かもしれないし、近所のおじさんかもしれない。

この作業によって、ヒアリング相手が見えてくる。ヒアリング先がわからない場合は、農村起業の先輩やメンター役に相談してもよいだろう。

次に、実際のヒアリングである。直接面会したり、電話で聞いてしまうこともある。

例えば、お客さんになりすまし、競合他社の商品の特徴を電話で聞いてしまうのも、手っ取り早いかもしれない。またメールで問い合わせてもいい。効果的で、相手に失礼のない手段を選び、ヒアリングをするとよい。

ワークショップ

「3人寄れば文殊の知恵」と言うが、1人でリサーチしているだけでは煮詰まり、堂々巡りになる場合がある。こんなときにはワークショップという、集団で話し合い、情報を集める方法を用いるとよい。

ワークショップは、第2章で紹介したブレインストーミングの手法を用いて、アイデアを集める。1つのテーマを決めて、大勢の人々に自由にアイデアを出してもらう。そのとき重要なのは、アイデアや発言をすべて記録しておくことである。後で思い出そうとしてもなかなか思い出せないからだ。

そしてそのとき出てきたアイデアやヒントを、KJ法の手法を使い整理する。KJ法とは文化人類学者の川喜多二郎氏が考案した情報の整理法で、川喜多二郎氏のイニシャルをとって名づけられた。ブレインストーミングで出てきたアイデアを、1枚ずつカードに書き、グループごとにカードをまとめ、情報を整理するのである。

すると、一人で堂々巡りとなっていたときとはまったく発想の異なる視点や方向性が見えてくるだろう。そうなればしめたものだ。こうした方法がワークショップによるリサーチである。

フィールドワーク

4番目はフィールドワークによるリサーチである。フィールドワークとは、現地を実際に訪れ、視察をしたり、関係者をヒアリングしたり、体験したりしながら、調査を行う方法である。具体的にいえば、ある農村地域の森林資源や林業現場の状況を、現地を訪れて調査したり、木材加工工場の製造ラインの調査を行ったりすることである。

その業界の知識や経験が乏しく基本的な学習が必要な場合や、事業を具体的に組み立てるときに有効である。

また、フィールドワークは、農村起業のサプライチェーンの形を具体的に作らなくてはならないときにとりわけ有効である。私が山梨県の間伐材を活用し、木材の製品化を進めたときのことである。まず、最初に山梨県内の林業現場を複数箇所、訪問した。針葉樹の県有林の切り捨て間伐が行われている現場や、民有林で利用間伐が行われている現場など、いくつか特徴的な場所をフィールドワークした。

その結果、同じ間伐材でも搬出するのが困難な材と、搬出の可能性のある材があることがわかった。一方で、間伐材を利用して集成材を加工している工場の製造ラインを複数箇所、

林業フィールドワーク

調査した。比較的小規模な加工工場と大規模な加工工場である。こうした調査によって、同じ木材の加工工場でも製品の種類ごとに必要な間伐材の種類や太さが異なり、さまざまなバリエーションの間伐材を利用する可能性があることがわかった。

このフィールドワークの結果、間伐材を使った木材製品を製造、販売するサプライチェーンの道が開けたのである。第3章でも述べたが、農村資源の弱点はサプライチェーンの弱さにある。川上の農村資源と川下の市場とのつながりが弱い。農村起業家にはこれらをつなぐ役割が求められている。だから川上から川下まで、サプライチェーン上にある各現場をフィールドワークすることはとても有効である。

市場調査

市場調査とは、一言でいえば、自分の商品がどうすれば売れるかを調査することである。アメリカの経営学者フィリップ・コトラーによると以下の６つが市場の構成要素だという。この定義は、非常にわかりやすい。

①誰が市場を構成しているか（Occupants）
②何を買うか（Objects）
③いつ買うか（Occasions）
④誰が購買に関わっているか（Organization）
⑤なぜ買うのか（Objectives）
⑥どのようにして買うか（Operations）

この６つのOを調査するのが市場調査である。市場調査の具体的な方法については、多くの専門書が出ているので、ここでは省略する。

1次調査、ヒアリング、ワークショップ、フィールドワーク、市場調査。この5つのリサーチ方法を頭に入れ、必要な場面にきたら、どの方法で実施するのが効果的かを考えて戦略的に組み立てていこう。

前述のように農村起業の分野では戦略的にリサーチをしているケースは、あまりない。リサーチというと、単に新聞や好きな雑誌を読んだりして、たまたま入ってきた情報を場当たり的に集めるだけだったり、調査のための調査だったりする。しかし、こんな状況にある農村起業分野は、見方を変えれば、競争の激しい「レッド・オーシャン」ではなく、競争のない未開拓市場である「ブルー・オーシャン」の業界といえる。

3　地アタマで企てて積極的にプレゼン提案しよう

プレゼン資料の構成

「楽しくて小さなビジネスモデル」ができたら、それを世にアピールすることが重要である。アピールをしなければ、あなたの考えた事業や商品、サービスは世の中に伝わらない。当然のことである。何よりも人に伝えるという視点を持つことが大切である。

ここでは、人に伝えるためのプレゼンテーションツールの効果的な作り方について説明しよう。最近では、パワーポイントを使ってプレゼンテーションを行うことが多いから、パワーポイントの画面をイメージしながら読み進めてほしい。

まず、１枚目のシートである。当然のことながら、１枚目は事業プラン名を書く。あなたの事業の独自価値を一言で表現したプラン名を考えてほしい。もちろん、あなたの名前や団体名も表明する。

次のページには、あなたの自己紹介を入れる。だらだらと長く書いてはいけない。プレゼ

プレゼンテーションツールの概略

■**事業名**：独自の価値をワンポイントで表現した事業名に。

■**自己紹介**：事業に関係する経歴・実績を中心に。

■**事業ビジョン**：あなたが事業を通して、何を成し遂げたいのか、短くまとめる。あなたの事業で、最も大きく決定的に変化することは何か。相手の共感は得られるか。

■**背景・課題**：事業を行う分野の客観的な情報を相手に伝え、あなたの事業が今必要とされているという状況を伝える。聞き手と、事業分野で同じ土俵に立つことができるか。

■**提案する商品・サービス**：あなたが提案する商品・サービスを提示する。独自に生み出す付加価値は何か。

■**対象とする顧客属性**：第１の顧客はどういう属性か。特徴、志向など詳細な属性を具体化する。

■**ビジネスモデル**：商品・金・情報の３つの流れを、関係する人、団体名を示しつつ表す。

■**パートナー、支援者**：パートナーや支援者とその役割を書く。

■**組織体制**：内部スタッフ、外部パートナーの役割、責任を含め、体制を書く。

■**目標・計画**：３カ年で、事業目標、事業計画を示す。利用者数・提供サービスの規模など、定量的な目標、計画は、数字で表していく。顧客満足度や地域に与える効果などの定性的な評価は成功度の指標などを作り表す。

■**収支計画**：商品の販売計画、支出計画を、３年計画で表す。収入は、単価 × 販売数量で表す。支出は、変動費と固定費を分ける。多額の設備投資を要する事業であれば、設備投資の償却期間にあわせて、収支計画を表せばよい。

■**最後に**：聞き手に対するお願い、提案事項を、自分の夢、成し遂げたいことなどの、「あなた自身の一番のメッセージ」とともに示す。

ンテーションの対象である事業と、直接・間接的に関係する経歴や実績をバランスよく配置するのがよい。

さらに3ページ目は何を書くべきだろうか。「その事業が目指すもの」や「何を成し遂げたいのか」を書くとよい。いわゆる事業が目指すビジョンである。あなたが考えた事業は何らかの問題意識から始まったはずである。この問題意識を踏まえ、あなたが事業によってどんなことを目指しているのか、成し遂げたいのかを相手にアピールする。

ここで1つ注意すべき点がある。ともすると事業のビジョンがあなたが目指しているものではなく、極端な話、日本の総理大臣が目指すものになってしまう人が結構いる。例えば、我が国の食糧自給率を上げたいとか、日本の耕作放棄地をすべてなくしたいなどである。こうしたことは、総理大臣や農林水産大臣にまかせておけばよく、あなたがやるべきことではない。もちろんあなたが事業を行うことによって、結果的に良い影響が出てくるかもしれない。しかし、すべてあなた1人でできるわけではない。

少し冗談めかして書いたが、プレゼンシートでは、あなたの思いを身の丈サイズで書くことが重要である。そうしないと、あなたの目指していることは相手の心に伝わらない。再度、自分自身とよく向き合いながら、身の丈サイズで本当に目指すものは何かを考えながら書くべきである。また、目指すものを探るときには、あなたが行う事業によって、決定的に変化することは何か、さらにその中であなた自身の果たす役割は何か、を考えると見つかりやすい。

自分が目指していることが相手にうまく伝わり、確かにこれはあなたしかできないと思ってもらったら、大きな共感を呼ぶだろう。だからこのシートを書き込む際の評価基準は、相手の共感を得ることができるか否か、である。このことを念頭に置いて書くとよい。

4ページ目は、あなたが取り組もうとしている事業の背景や課題の説明である。事業を行う分野の客観的な情報を相手に伝え、この事業が今必要とされていることを伝える。プレゼンテーションの聞き手は、あなたの事業分野をよく知らない場合が多い。だから、その事業分野の背景や課題、可能性を客観的データや数値を示して伝える。

製品・サービスの独自価値を説明

5ページ目は事業の背景や課題に対する「ソリューション」としての商品・サービスの提案である。それは形のある製品かもしれないし、形のないサービスかもしれない。または製品とサービスの複合商品かもしれない。複合商品の場合は、どれが主で、どれが従であるかを明確にすべきである。

重要なのは、その製品・サービスの独自価値を説明できるか否かである。農村起業の分野になじみのない人の場合、あなたが提案した製品・サービスの独自の価値を理解できないかもしれない。だから、製品・サービスの価値はここにあるとはっきり示す。聞き手がそれら製品・サービスの独自価値に興味を持ってくれたら、目標は達成される。

6ページ目は、商品・サービスの対象となる顧客層である。その商品・サービスはどういった顧客層を対象としているか具体的に書く。注意点は、あまり欲張りすぎないことである。あなたの商品はそれほど広い範囲に売れることはない。そのように思ったほうがいい。より具体的、限定的なマーケットを想定するほうが有効である。もし、あなたが1ヘクタールの畑で何らかの農産物を作ったとする。そこでできる農産物はせいぜい何トンから何十トンという単位である。それにもかかわらず、商品の顧客層を、全国の都会の消費者と想定しても意味はない。より限定的で具体的なマーケットを想定すべきである。

7ページ目はビジネスモデルである。ところで、そもそもビジネスモデルとは何だろうか。私はこのように説明している。ものにはすべて形がある。ペットボトルならペットボトルの形、パソコンならパソコンの形、鉛筆なら鉛筆の形というように、目には見えないけれど、ビジネスにも形があると思う。それがビジネスモデルである。だから、ビジネスを形にしたものがビジネスモデル、こういうふうに考えてもらうとわかりやすい。

あなたのビジネスモデルを形にして1枚に書いてみる。ビジネスの形、つまりビジネスモデルをわかりやすく見せるには、3つの流れで書いてみるとよい。商品などのものの流れ、お金の流れ、情報の流れ、である。商品がどういったところで生産され、あるいは仕入れられ、加工され、販売されるのか。それに連動してどのような形で、お金の流れがあるのか。さらに、どんなニーズに対して付加価値が生まれ情報が流れていくかを示す。また、その説明の中に事業に関係する人や組織などを具体的に示す。こうすれば、あなたのビジネスモデルの形が1枚のシートでわかりやすく提示できる。

8ページ目にいこう。8ページはパートナーや支援者の紹介である。そのビジネスモデルを行うにあたって、こんなパートナーがいる、こんな支援者がいるということをアピールする。パートナーや支援者といわれても、多くの関係者がいるから、どうやって示せばいいのかわからないという人もいる。その場合、経営資源の視点から洗い出すのがいい。経営資源とは人、もの、金《かね》、情報であり、経営を行うにあたって、重要な要素である。人資源、もの資源、金資源、情報資源という視点から、パートナーや支援者として、事業に関与してくれる人は誰か、どんな団体なのかを、もう一度洗い出し、シートに書く。

彼らは資金支援者かもしれない。オフィスを提供してもらうパートナーかもしれない。事業の立ち上げ時、財務、税理面を半ばボランティアのような形で事業サポートしてもらう税理士かもしれない。うまく整理できれば、事業のネットワークの形が見えて、相手にも伝わりやすくなる。また、このページでの最大のポイントは、事業立ち上げ時という、不安定な時期にありながらも、こんなにもたくさん支援者やパートナーがいて、社会的な信用がある人間、団体なんだということを印象づけることにある。

組織と計画を「見える化」

9ページは自らの組織体制である。あなたは事業のトップである。トップの下にさまざまな役割の人がいるだろう。生産に関与する人、加工に関与する人、販売に関与する人、資金管理に関与する人、あるいは、あなたが全部1人でやるのかもしれない。組織の運営体制を、明確な役割と責任のもとに図示する。

10ページ目は事業目標と事業計画である。相手にわかりやすく伝えるために、3年のスパンで計画を作ろう。1年目の事業目標と事業計画。2年目の事業目標と事業計画。3年目の事業目標と事業計画。私の事業は1年目はここまで、2年目はここまで、3年目はここまでと時系列で伝える。利用者数・提供サービスの規模など、定量的な目標、計画を数字で表す。顧客に対する満足度や地域に与える効果などの定性的な評価は成功度の指標などを作って示そう。

11ページ目は、事業計画に連動する収支計画である。商品の販売計画、支出計画を、前のページの事業計画に沿って、3年計画で表す。収入は、単価×販売数量で表す。支出は変動費と固定費を分ける。多額の設備投資を要する事業で、設備投資の償却に7年や8年かかるのであれば、7年、8年の収支計画を表せばよい。

最後に何を書くべきか

実は最後の1枚のシートが最も重要である。逆に言えば最後のページのために、プレゼン資料を作ってきたともいえる。では最後に何を書くべきか。

事業のプレゼンテーションなのだから、ただ聞き手に説明するだけでは意味がない。相手に対して何らかのお願いや提案、営業をするためのページが最後になるはずである。それは「販売店になってほしい」かもしれない。「資金協力を頼む」かもしれない。「事業の立ち上げ時の協力者になってほしい」かもしれない。これまで説明してきたことは、そのお願い、提案のためのプレゼンテーションである。だから、プレゼンテーションツールにおいてはこの最後のページが最も重要である。最後のページとなるので、自分の夢や成し遂げたいことなど、「あなた自身の一番のメッセージ」を短い言葉で添えたうえで、提案を行うといい。

プレゼン資料のお手本として、2011年「えがお大学院ビジネスプラン発表会」でグランプリをとった、滋賀県の「中野山里ふるさとごはんプロジェクト」の事例を掲載する。とてもよく練られた事業プランの資料なので大いに参考にしてほしい。

中野山里 ふるさとごはんプロジェクト　　結びめ

中野山里 ふるさとごはん プロジェクト

地域の無農薬、低農薬素材にこだわった、
地域のおばちゃん達による伝統料理弁当の宅配事業

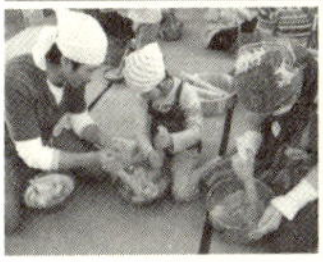

えがお大学院北杜校
結びめ 原田　将

都市と山里をつなぐ

結びめ musubime

えがお大学院　農村インターンシップ　都市農村交流マネジメントスキル習得型コース（北杜校）

中野山里 ふるさとごはんプロジェクト　　結びめ

プロフィール

結びめって何？

・移住者支援、田舎暮らし体験施設の運営
・都市農村交流事業
・地域共生ビレッジ・モデル事業
・NPO法人化に向け、申請中

山里暮らし交房 風結い

発表者について

・2010年5月結びめ職員として雇用（ふるさと雇用再生特別推進事業）
・2010年8月大津市から高島市へ移住
経　　歴：米国人画家の版画アシスタント、天然酵母パン職人、大学構内カフェテリア店長、父の経営する人材派遣会社で営業
家族構成：夫婦と3歳の娘の三人家族
趣　　味：詩をかくこと、音楽鑑賞　※最近はもっぱら娘と遊ぶことが趣味の時間となっている。

えがお大学院　農村インターンシップ　都市農村交流マネジメントスキル習得型コース（北杜校）

事業が目指すもの

滋賀県高島市安曇川町
中野集落に、にぎわいを！

・住んでる地域に貢献したい！
・安心、安全でおいしい料理を提供したい！
・子育て世代の移住者を呼び込みたい！
・地域の高齢者に知恵やワザを教わりたい！

中野集落の特徴・魅力
① おいしい湧水『秋葉の水』がある！
② 料理上手なおばちゃんたちが元気！
③ 豊かな自然と共にある、山里の田舎
④ 京都・大阪へのアクセスが容易

背景・課題 ① 中野集落の課題

少子高齢化と都市部への若者流出
なんと60歳以上は43％！ （平成23年3月31日現在）

・集落のコミュニティ機能の衰退（地域社会の構成員の減少）
・日常のライフスタイルの変化や多様化
　➡伝統料理や集落行事の伝承が途絶えはじめている
・毎日の食事の調達に不便を感じている方々が増加する
　➡高齢化や女性の社会進出など
・子供が少ない、仕事が少ない、飲食店が少ない
・農家の担い手不足

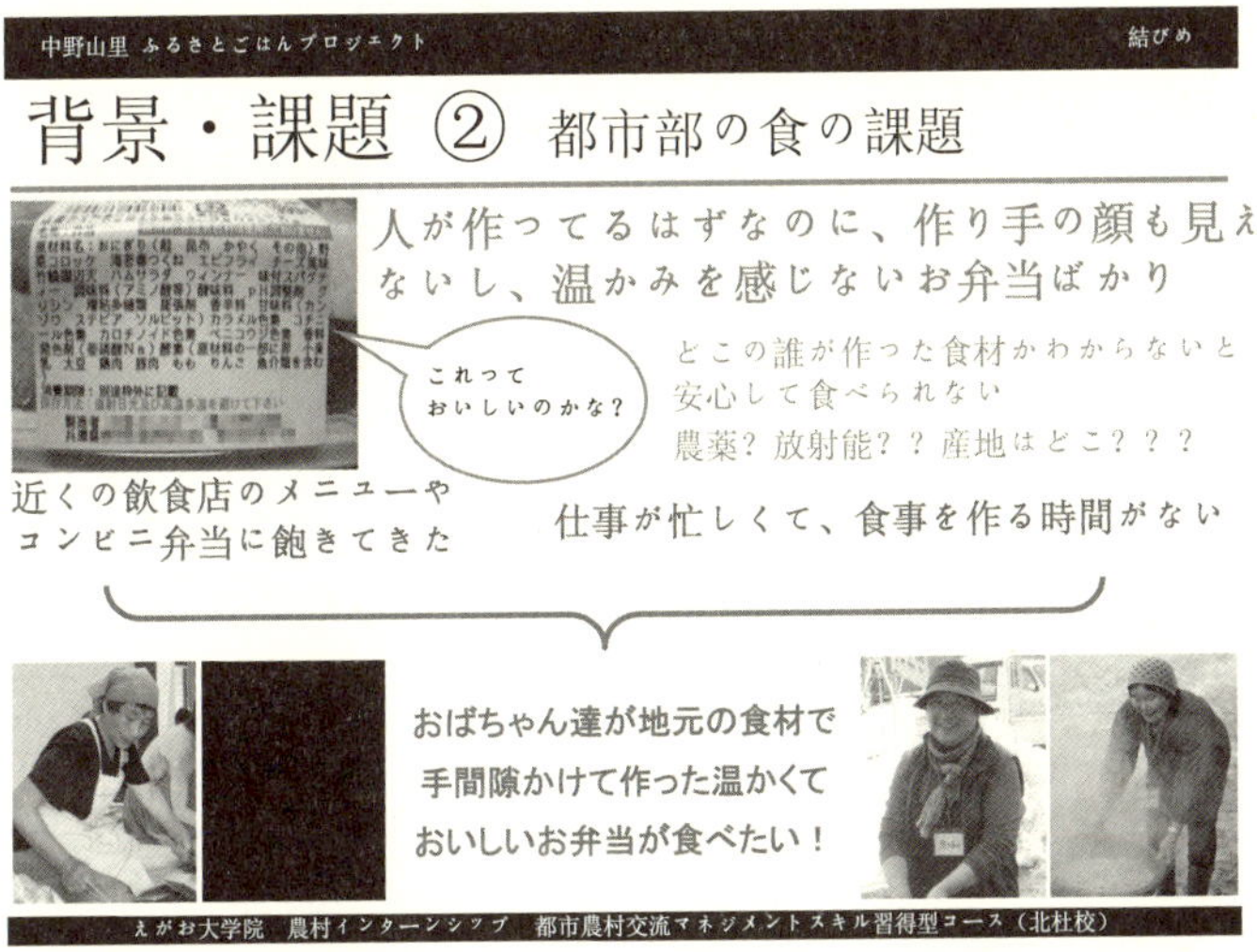

中野山里 ふるさとごはんプロジェクト
結びめ
背景・課題 ② 都市部の食の課題
人が作ってるはずなのに、作り手の顔も見えないし、温かみを感じないお弁当ばかり
これって おいしいのかな？
どこの誰が作った食材かわからないと安心して食べられない
農薬？ 放射能？？ 産地はどこ？？？
近くの飲食店のメニューやコンビニ弁当に飽きてきた
仕事が忙しくて、食事を作る時間がない
おばちゃん達が地元の食材で
手間隙かけて作った温かくて
おいしいお弁当が食べたい！
えがお大学院 農村インターンシップ 都市農村交流マネジメントスキル習得型コース（北杜校）

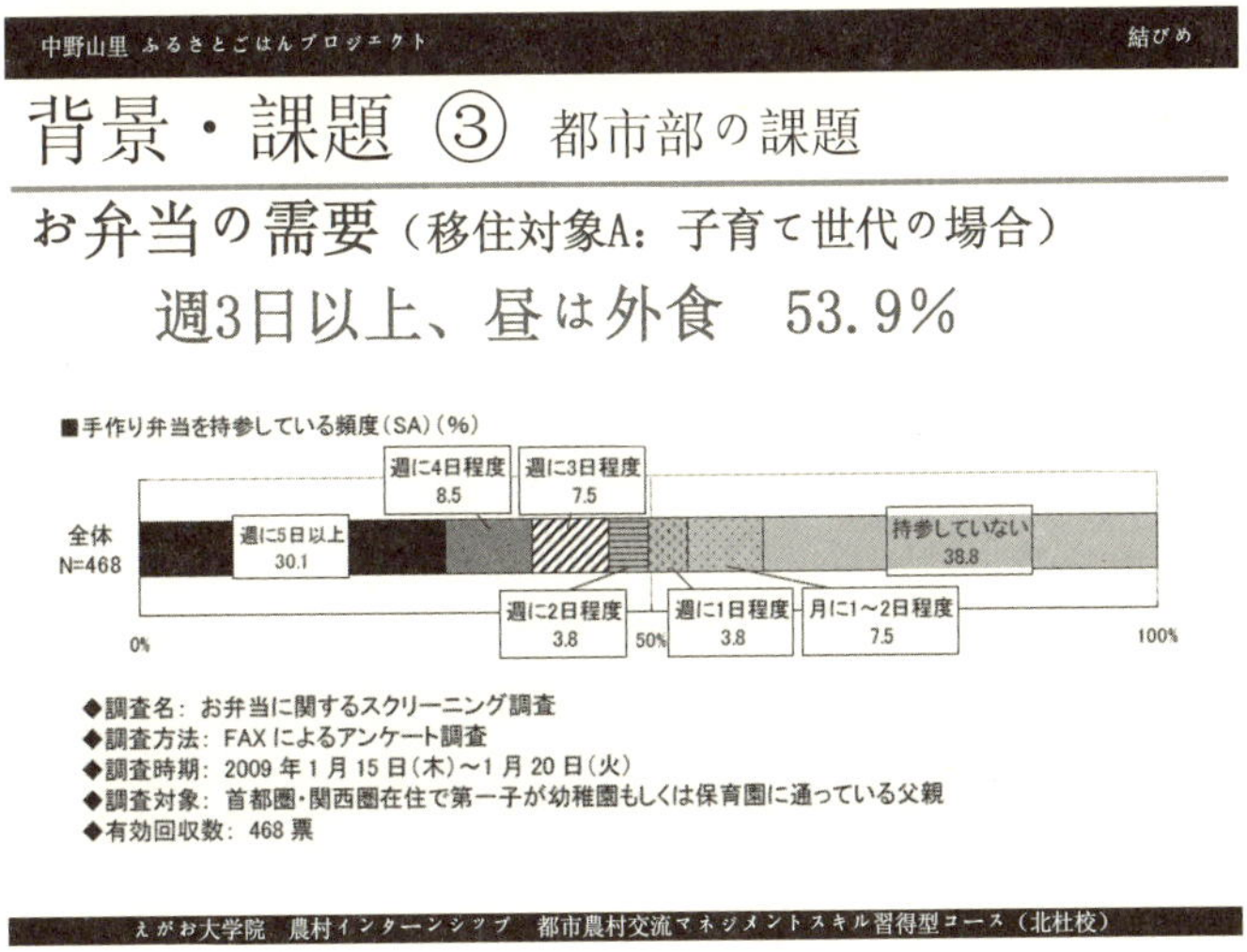

中野山里 ふるさとごはんプロジェクト
結びめ
背景・課題 ③ 都市部の課題
お弁当の需要（移住対象A：子育て世代の場合）
週3日以上、昼は外食 53.9%
■手作り弁当を持参している頻度（SA）（%）
全体 N=468
週に5日以上 30.1
週に4日程度 8.5
週に3日程度 7.5
週に2日程度 3.8
週に1日程度 3.8
月に1～2日程度 7.5
持参していない 38.8
0%
50%
100%
◆調査名：お弁当に関するスクリーニング調査
◆調査方法：FAXによるアンケート調査
◆調査時期：2009年1月15日（木）～1月20日（火）
◆調査対象：首都圏・関西圏在住で第一子が幼稚園もしくは保育園に通っている父親
◆有効回収数：468票
えがお大学院 農村インターンシップ 都市農村交流マネジメントスキル習得型コース（北杜校）

中野山里 ふるさとごはんプロジェクト　　結びめ

製品・サービスについて①

第一の弁当
愛情たっぷりの愛妻弁当、
お母さんの手作り弁当など

↓

忙しいと保存料たっぷりの
冷凍食が多かったり・・・

第二の弁当
手軽で便利なコンビニ弁当、
チェーン店の弁当など

↓

人の健康よりもお金儲けを
最優先に考えているのかも？

第三の弁当
中野のおばちゃん達の「ふるさとごはん弁当」

↓

ぬくもり、安全、そしておいしい！

えがお大学院　農村インターンシップ　都市農村交流マネジメントスキル習得型コース（北杜校）

中野山里 ふるさとごはんプロジェクト　　結びめ

製品・サービスについて②

地域の食材にこだわったおばちゃんによるふるさと料理

中野山里【2種・週替わり】
ふるさとごはん弁当

100食限定
完全予約制
宅配事業

◆ **Aランチ：750円**（税込）
無農薬玄米or五穀米のごはんとお惣菜　3種

◆ **Bランチ：950円**（税込）
無農薬玄米or五穀米のごはんとお惣菜　5種

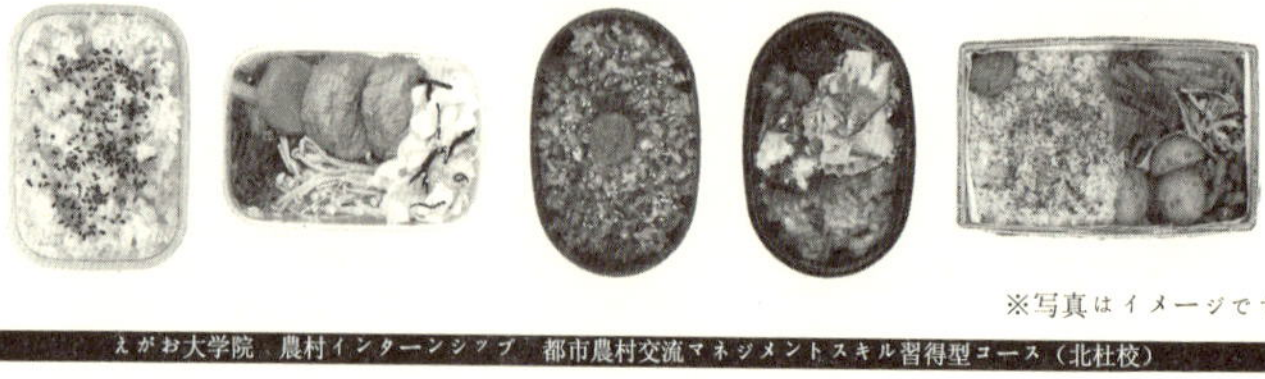

※写真はイメージです

えがお大学院　農村インターンシップ　都市農村交流マネジメントスキル習得型コース（北杜校）

中野山里 ふるさとごはんプロジェクト　結びめ

製品・サービスについて③

地域の食材にこだわったおばちゃんによるふるさと料理

フキと筍と
ニシンの炊いたん

祇園豆のゴマ和え

ひじき豆

こんにゃくの
ピリ辛煮

万年ネギのヌタ

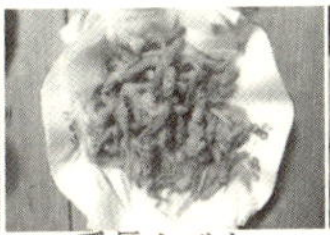
手長えびと
イサザの唐揚げ

いとこ煮

ミョウガの酢漬け

えがお大学院　農村インターンシップ　都市農村交流マネジメントスキル習得型コース（北杜校）

中野山里 ふるさとごはんプロジェクト　結びめ

製品・サービスについて④

地域の湧水（秋葉の水）とおばちゃんたちが育てた大豆で、
おばちゃんたちが、いつものように作った

おばちゃん特製
手作りみそ汁（サービス）

特製・手作りみそ汁

2年目以降は地域の主婦による天然酵母パンやマクロビスィーツを販売する予定

特製おはぎ

秋葉の水（飲料用水質検査済み）

天然酵母パン

マクロビスィーツ

えがお大学院　農村インターンシップ　都市農村交流マネジメントスキル習得型コース（北杜校）

中野山里 ふるさとごはんプロジェクト　結びめ

対象とするお客様 ①

食の安心・安全、そしてぬくもり

①「作り手の顔がみえる、あたたかいお弁当が食べたい」
官公庁職員や教員、社員食堂のない企業ニーズ

②「少し高くても、安全でおいしいものが食べたい」
産前産後の主婦など、食への関心が高い方々や有機農産物やおいしい湧水のニーズ

③「コンビニ弁当や近くの飲食店ばかりで飽きてきた」
官公庁職員や教員、社員食堂のない企業ニーズ

④「食事を作る時間がない」
医療従事者や女性の社会進出、デスクワーク従事者によるニーズ

⑤「買物に行けない、食事が作れない」
日々の食事の調達に不便を感じている買物難民、独居老人ニーズ

えがお大学院　農村インターンシップ　都市農村交流マネジメントスキル習得型コース（北杜校）

中野山里 ふるさとごはんプロジェクト　結びめ

対象とするお客様 ②

知的好奇心の高い高所得者層（医師、公務員、教員など）
滋賀県庁、大津市役所、琵琶湖大橋病院、成安造形大学、大津赤十字志賀病院など

健康に関心のある方々（湖西地域の妊婦さん、医師、患者さん）
中井医院、青木レディースクリニック、松島産婦人科医院、堀産婦人科医院など

買い物に不便を感じる方々（社員食堂のない企業、高齢者など）
大溝工業㈱、ジョーシン電気西大津店、高島老人クラブ連合会（119クラブ）など

えがお大学院　農村インターンシップ　都市農村交流マネジメントスキル習得型コース（北杜校）

中野山里 ふるさとごはんプロジェクト　　結びめ

対象とする地域

高島市～大津市（湖西地域）

モデルルート ※月曜日の場合

Ⓐ中野集落（10:30出発）
↓　約40分
Ⓓ琵琶湖大橋病院（11:10着-20発）
↓　約10分
Ⓒ大津赤十字志賀病院（11:30着-40発）
↓　約30分
Ⓑ公立高島総合病院（12:10着）

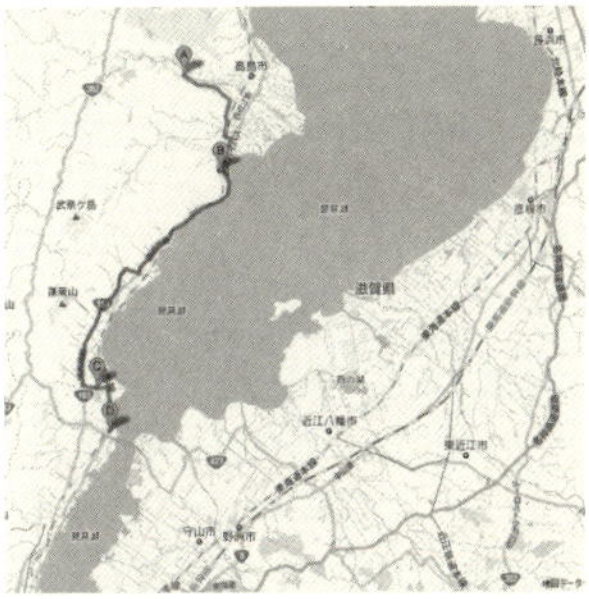

えがお大学院　農村インターンシップ　都市農村交流マネジメントスキル習得型コース（北杜校）

中野山里 ふるさとごはんプロジェクト　　結びめ

ビジネスモデル

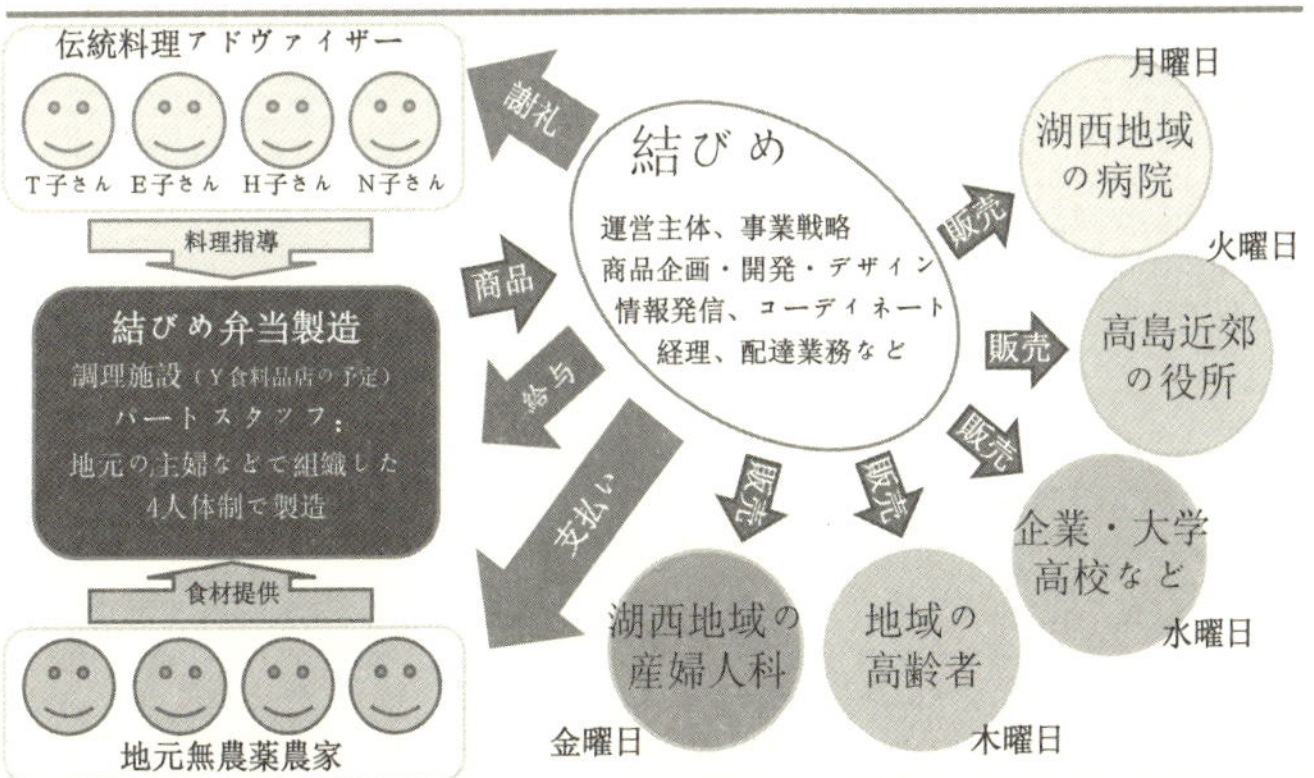

えがお大学院　農村インターンシップ　都市農村交流マネジメントスキル習得型コース（北杜校）

パートナー・支援者について

高島市内外のネットワーク

運営主体： 結びめ

原材料提供： 地元無農薬農家（T子さん、A子さん、H子さん、S子さん、T農園、K．M農園、NPO法人T．N、U農園、M農園、たかしま有機農法研究会など）

料理指導： 伝統料理アドヴァイザー（T子さん、A子さん、H子さん、N子さん）

パートスタッフ： 高島市在住の主婦など（常時4名のシフト制、平日のみ営業）

協力者： 子育て支援サークルK、県庁職員（Sさん、Iさん、A田さん他）、びわこ成蹊スポーツ大学　A教授、成安造形大学　K氏、病院の先生（義兄さん）、結びめメンバー、安曇川流域・森と家づくりの会など

運営体制について

飲食店運営のノウハウやパン作り等のスキルを活かします！

所属	名前	役割
結びめ	原田　将	運営責任者、情報発信、宅配運転手
結びめ	西川　唱子	デザイナー、渉外業務、経理
農業法人	S．Mさん	無農薬米、米粉等の提供
農業法人	T．Sさん	無農薬野菜の提供（予定）
農業法人	Y．Sさん	無農薬米、古代米の提供
農業法人	U．Sさん	無農薬野菜の提供（予定）
農業法人	S．Mさん	無農薬野菜の提供（予定）
地域住民	S．Tさん	伝統料理アドヴァイザー、無農薬野菜の提供
地域住民	N．Eさん	伝統料理アドヴァイザー、無農薬野菜の提供
地域住民	H．Hさん	伝統料理アドヴァイザー、無農薬野菜の提供
地域住民	H．Mさん	製造スタッフリーダー（予定）

中野山里 ふるさとごはんプロジェクト　　結びめ

目標・計画

3年後には10倍の売上を目指します！

5年後には集落内の空き店舗を取得し、雑貨カフェを運営

1年目

年商：600万円
パート雇用：6人～8人
限定食数：100食
※基本的にお弁当のみの販売
波及効果
結びめ一般会員数：20人
移住相談件数：5件

»»

3年目

年商：6840万円
パート雇用：20人
限定食数：300食
※お弁当以外の商品を販売
波及効果
結びめ一般会員数：100人
移住相談件数：20件

えがお大学院　農村インターンシップ　都市農村交流マネジメントスキル習得型コース（北杜校）

中野山里 ふるさとごはんプロジェクト　　結びめ

収支計画（初年度）

	項目	金額	説明
収入	開業資金	3,000,000	当面の開業に係る資金
	売上	6,000,000	弁当の販売代金 750円×100食×80日（4月～12月まで20日間、1月～3月の平日営業）
	計	¥9,000,000	
支出	人件費等	2,688,000	（結びめ職員）250,000円×2人×3ヵ月＝1,500,000円 ※社会保険料等含む （パート）750円×4時間×4人×80日＝960,000円 （伝統料理講師）15,000円×4人×3ヵ月＝180,000円 （燃料費）150円/ℓ÷10km/ℓ×800km×4台＝48,000円
	原材料費	2,100,000	750円×35%×100食×80日
	広告宣伝費	80,000	チラシA4 20,000円（10,000部）×4回 80,000円
	車輌購入費	400,000	中古配達用車輌
	通信費	75,000	携帯電話使用料など 25,000円×3ヵ月
	消耗品費	60,000	事務消耗品、書籍等購入
	燃料代	160,000	燃料等（配達等）2,000円×80日
	賃貸料	140,000	製造施設賃貸料 35,000円×4ヵ月
	光熱水費	200,000	50,000円×4ヵ月
	手数料	16,000	飲食店営業許可申請手数料 16,000円
	保険料	30,000	火災保険等
	什器備品	894,000	中古冷蔵庫、中古コールドテーブル 150,000円×2 業務用スーブジャー 39,000円×2 包丁一式（砥石含む）96,000円 まな板三種 70,000円 業務用鍋一式 50,000円 その他備品 300,000円（炊飯釜、フライヤー、シンクなど）
	修繕費	1,800,000	施設修繕費
	車輌費	200,000	配達車の維持費（メンテナンス費用など）
	雑費	72,200	市・県民税など
	消費税	445,760	
	計	¥9,360,960	
差引残高		-¥360,960	

えがお大学院　農村インターンシップ　都市農村交流マネジメントスキル習得型コース（北杜校）

中野山里 ふるさとごはんプロジェクト　結びめ

収支計画（3年）

	項目	1年目	2年目	3年目
収入	開業資金又は繰越金	3,000,000	-360,960	1,025,340
	売上	6,000,000	22,800,000	68,400,000
	計	**¥9,000,000**	**¥22,439,040**	**¥69,425,340**
支出	人件費等	2,688,000	9,744,000	19,560,000
	原材料費	2,100,000	7,980,000	25,000,000
	広告宣伝費	80,000	80,000	200,000
	車輛購入費	400,000	0	400,000
	通信費	75,000	300,000	600,000
	消耗品費	60,000	60,000	100,000
	燃料代	160,000	480,000	1,000,000
	賃貸料	140,000	420,000	1,000,000
	光熱水費	200,000	600,000	1,200,000
	手数料	16,000	0	16,000
	保険料	30,000	30,000	60,000
	什器備品	894,000	100,000	1,000,000
	修繕費	1,800,000	0	10,000,000
	車輛費	200,000	200,000	500,000
	税金等	72,200	400,000	1,000,000
	消費税	445,760	1,019,700	3,130,880
	計	**¥9,360,960**	**¥21,413,700**	**¥66,566,880**
差引残高		-¥360,960	**¥1,025,340**	**¥2,858,460**

えがお大学院　農村インターンシップ　都市農村交流マネジメントスキル習得型コース（北杜校）

中野山里 ふるさとごはんプロジェクト　結びめ

最後に

開業資金の300万円を出資いただける
スポンサーを募集します！

出資いただいた方には、結びめが運営する田舎暮らし体験施設、
山里暮らし交房 風結い －かざゆい－ の年間利用割引パスポートを進呈！

おいしい湧き水、採れたての野菜、寒暖の差が大きく、
自然豊かな高島で育ったお米が
あなたの田舎暮らしを待ち望んでいます。

えがお大学院　農村インターンシップ　都市農村交流マネジメントスキル習得型コース（北杜校）

4 農村起業家の究極の6つのスキル

「農村起業家として成功するためのスキルは何ですか？」と、よく聞かれる。私は「6つのスキルです」と答えている。それは、①農村現場での経験と知識、②プランニング、③マネジメント、④コミュニケーション、⑤市場の知識・動向、⑥社会・政策の動向、である。この6つのスキルは、これまで説明してきた事柄を必要条件とすれば、十分条件かもしれない。6つのスキルを十分条件として身につけたとき、あなたの農村起業家としての能力は格段に上がるだろう。この6つのスキルの意味するところを詳しく説明しよう。

農村現場での経験と知識

農村起業をするからには、農村現場、フィールドでの最低限の経験と知識が必要だ。あなたがもし、森林や林業分野に関係する農村資源を取り扱う起業を行うとする。森林資源を取り扱う以上は、森林の知識や林業に関する最低限の経験と知識が必要だろう。針葉樹と広葉樹の違いくらいは知らなければ話にならない。さらに森林に入って、樹種がわかるくらいにしておいたほうがよい。そうでなければ、事業が発展段階にきたときに頓挫してしまうだろう。

もしあなたが、何らかの形でコメを使って農村起業を行うとしよう。そうであれば最低限、コメの生産プロセス、つまり田植えから稲刈りまで最低でも一度は経験しておく必要があるだろう。また、もしあなたが、農村の農業用水路を使った再生可能エネルギー事業を行おうとしていたら、実際に稼働している発電施設のフィールドワークをすることが必要だろう。こうした例に限らず、農村現場での最低限の経験と知識は不可欠である。

プランニング

日本の農村部はさまざまな問題を抱えており、農村が抱えている問題について評論する人は非常に多い。しかし、それに比べると問題を解決するための計画立案を行える人材は非常に少ない。これこそがまさに〝問題〟だ。評論もいいが、まずは具体的な課題解決のプランニングをすることが必要である。そのためには、小さくてもいいから、「ソリューション」としての事業や商品を考え、プランニングしてみることだ。このやり方については、第2章「楽しくて小さなモデル」のプランニング方法を参考にしてほしい。

マネジメント

マネジメントという言葉が意味する内容は非常に幅広いが、ここでは1つだけ経営資源のマネジメントについて指摘する。先に触れたように経営資源には、人、もの、金、情報、ネットワークなどがある。これを農村起業分野において分析してみる。まず都市と農村という縦軸と、人、もの、金、情報という横軸を並べ、都市と農村間でこれらの経営資源がどのような状況になっているかを整理する。

人資源は都市に多く、農村には少ない。もの資源は農村側に多く都市側には少ない。金は都市のほうに多く、農村に少ない。情報は農村に少なく、都市に多い傾向にある。こんな状況だろう。

人、もの、金、情報の経営資源がすべて揃えば経営は安定する。これは経営の鉄則だ。そこで、今作ったこの表を見てほしい。農村にはもの資源はあるが、他の経営資源が不足している。一方、都市側にはものはないが、他の資源は多い。したがって、経営資源全体を上手に使いこなすために、農村にあるもの資源と、都市にある、人、金、情報資源を最適融合することによって、マネジメントを行う視点が見えてくる。だから、農村資源を使って事業を計画し、円滑に実行していこうとするなら、この経営資源の不均衡状態を理解したうえで、その再配置をするという視点から運営を行うことが重要である。

第1章で、岡山県西粟倉村の事例を紹介した。西粟倉・森の学校は過疎地の林業を再生する上で不足するお金の資源を集めるため「西粟倉村共有の森ファンド」という、1口5万円のファンドを作った。都市住民に出資を募って、村の事業資金を広い地域から集めることに成功した。農村に不足する金資源を都市から集め、経営資源の再配置を行った好例である。

さらに農村起業のマネジメントは、以下の5つの視点が大切である。農村起業に限定するものではないが、参考にしてみてほしい。

〈5つのマネジメント〉

①計画系マネジメント：月次計画、年間事業計画、中長期経営計画、経営ビジョン、人生ビジョン

②管理部門系マネジメント：生産・流通・販促・営業・組織（人事・財務・在庫など）

③資源系マネジメント：人・もの・金・情報・ネットワーク

④情報系マネジメント：業務環境情報（仕入れ先、販売先など）、競争環境情報（業界の競合先など）、一般社会の環境情報（地域社会、政府、経済、マスメディアなど）、マクロ環境情報（自然、文化、歴史、世界情勢など）

⑤能力系マネジメント：直感系能力（右脳系）と論理系能力（左脳系）

コミュニケーション

いつしか日本では都会と農村との価値観が大きくかけ離れてしまった。農村に暮らす人たちには、昔からの価値観、「お互いさま」という相互扶助の考え方が根強く残っている。一方、都会人は、戦後欧米から伝わった個人主義的な価値観や権利と義務の考え方が行動様式のベースにある。この違いがともすると、都市と農村間で摩擦を生む。

農村起業の展開においては両者の違いを認めつつ、事業を運営していくことが重要である。時には、都市、農村のＴＰＯに応じて、話し方や話す態度を考慮しながらコミュニケーションを進めていくとよい。

また、さまざまな事業に関わる関係者の想いを理解できるような共感力も大切である。その際、アクティブリスニングなどのコミュニケーション技術は、大変参考になる。

アクティブリスニングは傾聴ともいう。聞き上手になるコミュニケーション技術のことである。まずは聞く耳を持つことが大切である。その上で相手の話すことに対して相槌を打つ。「確かにそうですね」といった具合にである。人は誰しも自分の話が相手に受け入れられ、承認されたと感じられれば、満足を得られるものである。そして、相手の話した内容を少し表現を変えて切り返してみる。「それは、これこれ、こんなことなんですね」。さらに相手の反応が自分の発言に対する単なるオウム返しではなく、きちんと理解した上でのものかどうかを確認するのである。これによってお互いの理解をより深めることができる。

ところで、農村起業を始めると不思議なほどさまざまな人に出会うことになるから、起業家にとっては、人物評価の技術が非常に重要である。

私が参考にしている荘子の言葉がある。自戒を込めて紹介しよう。荘子という人は、究極のリアリストだったのかもしれない。

一、遠方で仕事をやらせてみて、相手の忠誠心をためしてみる。
二、近くで仕事をやらせてみて、相手の人柄を観察する。
三、面倒な仕事を担当させてみて、相手の能力をためしてみる。
四、思いがけない質問をしてみて、相手の見識をためしてみる。
五、あわただしく約束をとりかわして、それを守るかどうかをためしてみる。
六、お金を与えてみて、どの程度思いやりがあるかを観察する。
七、ピンチに陥ったことを知らせて、相手の節操をためしてみる。
八、酒に酔わせてみて、社会人としてのケジメのつけ方を観察する。
九、女と一緒にしてみて、どの程度色を好むかを観察する。

（『賢者たちの言葉』守屋洋監修、ＰＨＰ研究所）

市場の知識・動向

農村資源を何らかの形で商品化し販売していくときには、当然、市場の知識が必要だ。またその市場が大きく開けているのは、やはり都会であろう。単純に人口が多いからである。地産地消という考え方も大切だが、過疎化した農村部の消費だけで事業構造を作るのは難しく、限界があることが多い。

こうした意味で都市部のさまざまな市場の知識、動向を把握することが必要である。また、先の章で紹介したように、B to C、B to Bという考え方によって幅広く市場を捉える。

さらには、市場の構造、産業界の仕組み、資源から生産、流通につながるサプライチェーン、国内ニーズの動向、グローバル経済の知識なども必要である。

社会・政策の動向

社会・政策の動向がどちらに向かっているのかという知識・情報も欠かせない。世の中のトレンドを常に観察し、知識を蓄えていくことも重要なスキルとなる。例えば、農村起業に関連する国の政策だと、農林水産省は6次産業化、都市と農山漁村の共生・対流、グリーンツーリズム、都市農業、新規就農といった政策。経済産業省では、農商工連携、再生可能エネルギー。国土交通省では、2地域居住。総務省では、地域力の創造・地方の再生、交流居住、緑の分権改革。環境省ではエコツーリズム等々、これらについてよくチェックしておくといい。

また、政府は2012年7月31日、「日本再生戦略」を閣議決定した。この中で、医療介護、環境・エネルギー、農林漁業を今後の重点的成長分野として位置づけ、この3分野と中小企業支援・経済連携拡大などによって、今後100兆円超の市場を創出し、480万人以上の雇用を生み出すとしている。

さらに、この日本再生戦略の中では、農林漁業と製造業、販売、観光を組み合わせた6次産業が柱の1つに盛り込まれた。

まさに、私が農村起業で有望と見ていた5分野、すなわち①6次産業による農業、②農村での観光交流、③森林資源の建築・不動産への活用、④農村にある自然エネルギー活用、⑤教育・IT・メディア・福祉・健康などのソフト産業と農村資源活用の連携、がすべて盛り込まれたのである。

とはいっても、政策には翻弄されるべからず。政策動向について知ることは重要なのだが、昨今の不安定な政治状況や財政危機もあって、農村起業に関係する政策は頻繁に変わる傾向にある。決して政策に一喜一憂するべきではない。

逆に、自ら政策に影響を与える活動を仕掛ける意気込みでやったほうが有効かもしれない。

政策の方向がめまぐるしく変わる状況を踏まえれば、政府や自治体に対してはそのぐらいの気概で臨むことをお勧めする。

コラム

農村起業〝業者〟に気をつけろ

農村起業家には大きく2つのタイプがある。1つは自らが商品、サービスを開発して販売をしたり、提供したりする直接事業タイプ。もう1つは自ら商品開発をして販売するのではなく、農村で活動する方々のサポートをする、いわゆる支援型の農村起業だ。

この2つのタイプの中で、勘違いが起きるケースがある。どちらのタイプで勘違いが起きるのか。それは支援型である。自らは商品を開発したり、販売したりしないが、農村で活動するプレーヤーの商品紹介をしたり、活動をコーディネートしたりする。こうした支援型ビジネスは、勘違いが起きるケースがあるので、要注意である。ともするとさまざまなトラブルにもなりやすい。

あなたが農村起業を行っていると、支援したいという人が訪ねてくるかもしれない。特に、あなたの楽しくて小さなモデルが社会にデビューして、メディアにもしばしば登場するあたりからだ。農村起業の支援コンサルタントや、農村起業の市場調査等、その他さまざまなビジネスサポートを提案してくる人々だ。

もちろんそうした起業支援によって、あなたのビジネスがうまく回転することもあるが、一方で口先の提案にとどまり、実態のないサービスになっている支援業者も少なくない。いわば農村起業〝業者〟といえるような人たちなのかもしれない。農村起業家は、こうした質の悪い支援サポート・サービスの甘い声にくれぐれも気をつけることが必要だ。

あなたが試練に巻き込まれた時期には、くれぐれもメンターやコーチ、後押し役として、こうした類いの人たちをつけないように、注意してほしい。

私は、そういう人たちがやってきたときに、こう質問する。「あなたは、農村起業についてどれだけの経験やスキルがありますか」「農産物を少しでも生産したことがありますか」「山に入って何らかの作業をしたことがありますか」と、経験を聞くのである。さらに「その経験を踏まえたあなたのスキルを教えてください」と尋ねる。その結果、相手が少しでも経験を積み、スキルを持った人ということがわかったならば信用する。逆にまったく何もないような人ならば要注意である。その人は農村起業〝業者〟かもしれない。

おわりに

世界に広がる農村起業

農村起業への関心が高まる韓国

農村起業は日本にとどまらない。お隣の国、韓国においてもホットなテーマであるらしい。前著『日本の田舎は宝の山――農村起業のすすめ』が、韓国で翻訳出版されることになった。また、2012年6月には韓国のテレビ局がロケ取材に訪れ、私たち「えがおつなげて」の活動内容が放映されることとなった。その番組のタイトルは「村企業――スマート農村をつくる」で、すなわち農村起業がテーマである。

「えがおつなげて」が現在取り組んでいる事業のうち、とりわけ「企業ファーム」と私たちが呼んでいる、企業と農村が連携した活動が大きく取り上げられることになっている。また、私はこうしたことがきっかけとなり、韓国で講演を行ってきた。講演後は「企業と農村をどうやってつなげてきたのか」「農村の反応はどうなのか」といった質問が多く寄せられた。予定していた質疑応答時間を大幅に延長しての情報交換となった。

私たちの活動がなぜ韓国で関心を集めているのかと考えれば、韓国の農村も日本の農村と同じような社会背景を持っているからだ。OECD諸国のうち、とりわけ食料自給率が低い国は日本と韓国である。また米国とFTAを結んだ韓国は、今後、食料自給率がますます下がると懸念されている。そうした中で食料の安定供給や農村のコミュニティ維持が緊急の課題となっている。さらに、都市への一極集中という課題を抱えている。韓国は日本以上に激しい競争社会で、いわゆる勝ち組と負け組の格差が生じている。契約社員などの非正規雇用者が非常に多いとも聞いた。

世界はどこも悩んでいる

こうした傾向はおそらく韓国にとどまらないだろう。農村の再生、すなわち農業、林業、水産業の再生は、経済のグローバル化が進行する中で、世界各国で大きなテーマとなっている。これまで私たちの団体には、韓国はもとより、インド、バングラデシュ、マレーシア、タイ、ブラジル、アルゼンチン、コロンビア、パラグアイ、ボリビア、アメリカ等々の国々から視察や調査団が訪れた。彼らと交流を重ねてわかったことは、どの国も似たような課題を抱えていることだ。都市の一極集中、農村の荒廃が進む中で生じるさまざまな課題は世界共通だ。

私は17年前、日本経済のバブルが崩壊していく過程で農村起業を思いついた。その時、2015年が日本のターニングポイントになるだろうと考え、2015年を目標に20年プランを作った。そして、多少なりとも社会にとって有効な何かを示すことができないかと、国内の農村資源を活用した小さなビジネスモデルを実践し始めた。

日本社会はこの17年で様変わりした。この間、私たちは歴史の転換点ともいえるようなさまざまな経験をした。経済バブル崩壊、2000年代以降の世界金融バブルの発生、その崩壊の序章としてのリーマンショック。中国など新興国の台頭と欧米先進諸国の低迷、日本国内における産業・雇用空洞化の定着、そして2011年の東日本大震災と福島原発事故。今わが国はあまり元気がない。しかし、こうしたさまざまな経験をしながら、日本は生まれ変わろうとしている。政府がまとめた「日本再生戦略」もその表れであると思う。

日本から新たな社会モデルを発信

先に紹介したように、世界のどの国も迷っている。私は日本でこれからの社会のモデルを作り、そのモデルをまずアジアの近隣の国と分かちあいながら、一緒に作っていけないかと考えている。日本はアジアの国で最も早く欧米先進国の経済モデルを導入し、経済成長を果たし、一方で最も早く経済の長期停滞期を迎えた国である。

日本で起きていることは、いずれアジアの国々でも顕在化する。また、世界経済の中心軸はだんだんアジアに移っていく。その時を踏まえて、今から新たな社会モデルの準備をしていきたい。その準備の時期が2015年だと思っている。

今後、農村起業家が次々と台頭してくることを期待したい。本書は農村起業家が1人でも多く育つことを願って、その支えとなるような情報をお伝えしたつもりだ。読者のますますの健闘を期待したい。

本書執筆にあたっては、前著同様、多くの方々のご指導とご協力をいただいた。高知県四万十町の四万十ドラマ社長、畦地履正氏、三重県多気町の高校生レストランプロデューサー、岸川政之氏、岡山県西粟倉村の西粟倉・森の学校社長、牧大介氏、長野県飯田市のおひさま進歩エネルギー社長、原亮弘氏には事例の紹介でご協力いただいた。また、本書の編集にあたっては、前著に引き続き、日本経済新聞出版社の桜井保幸氏にご苦労をおかけした。厚く御礼申し上げる。

最後に、いつも「えがおつなげて」の活動を支えてくれているスタッフに深く感謝を申し上げたい。

2012年8月

曽根原　久司

【著者紹介】

曽根原久司（そねはら　ひさし）

1961年長野県生まれ。ＮＰＯ法人えがおつなげて代表理事。内閣府地域活性化伝道師。山梨県立農業大学校講師。やまなしコミュニティビジネス推進協議会会長。大学卒業後、アルバイトをしながら音楽活動に熱中する。その後、企画会社、コンサルティング会社などに勤務、4年後に独立。銀行などの経営指導を通して日本の未来に危機感を抱き、その再生モデルを創造すべく、東京から山梨県白州町へと移住。2001年、ＮＰＯ法人えがおつなげて設立。代表として「村・人・時代づくり」をコンセプトに、農業を中心とした都市農村交流事業を展開している。著書に『日本の田舎は宝の山』（日本経済新聞出版社）がある。

農村起業家になる

地域資源を宝に変える６つの鉄則

2012年9月20日　　1版1刷

著　者　　曽 根 原 久 司

発行者　　斎　田　久　夫

発行所　　日本経済新聞出版社

http://www.nikkeibook.com/

〒100-8066　東京都千代田区大手町１－３－７

電話（03）3270-0251（代）

装丁・イラスト　斉藤よしのぶ

印刷／製本　竹田印刷

ISBN978-4-532-31828-4